大数据可视化项目实战

主 编◎付 雯
副主编◎李俊翰　黄　伟
　　　　吴焱岷　杨　裕
参　编◎景俊敏　夏　汛
　　　　张　娅
主　审◎聂　强　武春岭

北京理工大学出版社
BEIJING INSTITUTE OF TECHNOLOGY PRESS

内容简介

本书分为六个项目：项目一主要介绍数据可视化的概念、数据可视化的发展和数据可视化帮助决策的一些方式等；项目二主要介绍 jQuery 的基本概念与 jQuery 的使用安装等；项目三以 ECharts 绘图工具的概念与配置及 ECharts 的综合演示开展学习；项目四介绍 Bootstrap 框架的核心技术及具体应用实施等；项目五通过介绍 Flask 框架，展示 Flask 的功能和基本应用；项目六通过"招聘分析监控系统"的数据可视化子项目系统完成了一个可视化项目的简单功能的实现、展示等技术处理方法。

本书由浅入深地描述了大数据可视化的应用，用简单的代码实现了图形图像对数据的展示，浅显易懂。本书适用于大数据专业课程教学，也适用于对大数据可视化技术感兴趣的初学者学习。

版权专有　侵权必究

图书在版编目（CIP）数据

大数据可视化项目实战／付雯主编．－－北京：北京理工大学出版社，2022.4（2022.5 重印）
ISBN 978－7－5763－0828－0

Ⅰ.①大… Ⅱ.①付… Ⅲ.①可视化软件—数据处理 Ⅳ.①TP31

中国版本图书馆 CIP 数据核字（2022）第 010872 号

出版发行／北京理工大学出版社有限责任公司
社　　　址／北京市海淀区中关村南大街 5 号
邮　　　编／100081
电　　　话／（010）68914775（总编室）
　　　　　　（010）82562903（教材售后服务热线）
　　　　　　（010）68944723（其他图书服务热线）
网　　　址／http:∥www.bitpress.com.cn
经　　　销／全国各地新华书店
印　　　刷／涿州市新华印刷有限公司
开　　　本／787 毫米×1092 毫米　1/16
印　　　张／9.75　　　　　　　　　　　　　　　责任编辑／王玲玲
字　　　数／208 千字　　　　　　　　　　　　　文案编辑／王玲玲
版　　　次／2022 年 4 月第 1 版　2022 年 5 月第 2 次印刷　责任校对／刘亚男
定　　　价／39.80 元　　　　　　　　　　　　　责任印制／施胜娟

图书出现印装质量问题，请拨打售后服务热线，本社负责调换

Foreword 前言

随着信息技术的发展和科技的进步，进入了大数据时代。人们通过对采集的数据进行处理，获取需要的信息，利用图形图像的方式对处理后的数据进行展示，充分利用了数据可视化作用。通过对数据进行科学的管理和展示，依据数据及其内在模式和关系，利用计算机生成的图像来获得深入认识。Data Visualization：The State of the Art（《数据可视化：尖端技术水平》）一书中重点强调了各种应用领域与它们各自所特有的问题求解可视化技术方法之间的相互作用。对数据进行科学管理和利用，可以为决策者更好地利用现有资源实施决策提供数据支撑，使数据发挥更大价值，为人们的工作和生活带来更大便捷。近年来，数据可视化呈现方式已经被老百姓接受，合理、有效地对有用数据进行利用，实现数据科学管理，保证数据被科学应用，是未来数据发展的新趋势。

针对大数据的迅猛发展，本书结合实际应用案例，通过梳理数据可视化技术发展过程，引入了大数据可视化技术实施阶段需要掌握的技能。全书由浅入深地为读者提供了数据可视化工具的应用，便于学习者快速上手。本书紧扣技术要领，贯穿时政。

本书围绕大数据可视化技术，采用项目驱动的编写方式，精心设计了 6 个项目引导学习，覆盖了 jQuery、ECharts、Bootstrap 技术，通过简单项目实施，引导学习者进入角色。每个项目具体涉及的技术为：

项目一主要介绍数据可视化的概念、概述、主要应用和基本思想，数据可视化的发展历程和各个发展阶段，数据可视化帮助决策的一些方式等。通过对本项目的学习，读者能够初步认识数据可视化的概念、数据可视化的发展和可视化帮助决策的方式。

项目二主要介绍 jQuery 的基本概念、核心特性、语言特点和工作原理，以及 jQuery 的使用方法、安装流程等。通过对本项目的学习，读者能够初步了解 jQuery 和 jQuery 的使用安装等知识。

项目三主要介绍 ECharts 绘图工具的发展历程、主要功能、版本特性和运行环境，使用 ECharts 进行实例的综合演示等。通过对本项目的学习，读者能够初步了解和使用 ECharts 绘图工具。

项目四主要介绍 Bootstrap 的基本结构、全局 CSS 设置、基本的 HTML 元素样式、Bootstrap 包含的十几个自定义的 jQuery 插件、Bootstrap 的详细安装流程、对具体实例的应用。通过对本项目的学习，读者能够初步了解 Bootstrap、学习安装 Bootstrap 和对 Bootstrap 进行基本应用。

项目五主要介绍了 Flask 的环境配置和详细安装流程、Flask 的 WSGI 工具箱、模板引擎、开发环境和基础组件等。通过对本项目的学习，读者能够安装基础的 Flask 框架、了解 Flask 的基本功能。

项目六通过"招聘分析监控系统"的数据可视化子项目介绍了系统的具体需求、项目的实施及最后的数据可视化呈现。通过对本项目的学习，给读者展现了一个完整的项目流程。

本书由重庆电子工程职业学院付雯教授任主编；重庆电子工程职业学院李俊翰、黄伟、吴焱岷及珠海城市职业技术学院杨裕任副主编；乌兰察布市历泽科技有限公司总经理景俊敏、泸州职业技术学院夏汛、宜宾职业技术学院张娅参编；全书由重庆电子工程职业学院聂强、武春岭主审。

本书引入了具备极高操作性的可运行案例代码，进一步降低了读者的实操难度。

尽管我们尽了最大努力，但书中不妥之处难免，欢迎各界专家和读者朋友们给予宝贵意见。

编　者

Contents 目录

项目一　认识数据可视化 ··· 1
　　任务 1.1　什么是数据可视化 ·· 1
　　任务 1.2　数据可视化的来龙去脉 ·· 2
　　任务 1.3　可视化帮助决策的方式 ·· 8

项目二　jQuery 可视化应用 ·· 11
　　任务 2.1　jQuery 是什么 ·· 11
　　任务 2.2　jQuery 的安装与使用 ·· 12

项目三　ECharts 绘图 ·· 22
　　任务 3.1　认识 ECharts ·· 22
　　任务 3.2　ECharts 的基本配置 ·· 25
　　任务 3.3　综合演示 ·· 29

项目四　Bootstrap 框架 ·· 46
　　任务 4.1　认识 Bootstrap ·· 46
　　任务 4.2　安装 Bootstrap ·· 47
　　任务 4.3　Bootstrap 应用 ·· 50

项目五　Flask 框架 ·· 65
　　任务 5.1　Flask 安装 ·· 65
　　任务 5.2　Flask 的功能 ·· 66

项目六　招聘分析监控系统——数据可视化子系统项目实战 ······················· 115
　　任务 6.1　系统需求 ·· 115
　　任务 6.2　项目实施 ·· 119
　　任务 6.3　数据可视化 ·· 132

参考文献 ·· 150

项目一
认识数据可视化

【项目描述】

利用计算机图形学和图像处理技术,将数据转换成图形或图像,在屏幕上显示出来,并进行交互处理的理论、方法和技术,称为可视化。

通常情况下都有哪些方式来实现数据可视化呢?本书将介绍数据可视化的发展历程,将有用的信息用图形或图像的方式展示出来。

请查阅资料,了解并讨论数据可视化的应用领域和价值。

【项目分析】

将呆板的数据通过专门工具进行处理后,用不同的方式进行展示,从而发现数据背后的价值。利用数据可以更好地为人们的生活服务。本项目通过了解数据可视化的发展,掌握更好地利用数据说话的方式,从而将数据的价值最大化。

任务1.1 什么是数据可视化

所谓数据可视化,是指将枯燥的数据利用计算机图形学和图像处理技术转换成图形或图像,在屏幕上显示出来,并进行交互处理的理论、方法和技术。其能够形象、直观地表达数据蕴含的信息和规律。

数据可视化借助图形图像的技术和方法,清晰、有效地传达信息。通常会认为这项工作很枯燥乏味,但是数据可视化工具并不表示在实现过程中就一定要令人感到枯燥乏味,或者是为了看上去绚丽多彩而显得极端复杂。为了更好地传达思想观念,美学与功能需要齐头并进,通过直观地传达关键特征,从而实现对相当稀疏而又复杂的数据集的深入洞察。通常,设计人员往往并不能很好地把握设计与功能之间的平衡,从而创造出华而不实的数据可视化形式,无法达到其主要目的,也就是传达与沟通信息。

数据可视化与信息图形、信息可视化、科学可视化以及统计图形密切相关。当前,在研究、教学和开发领域,数据可视化是一个极为活跃而又关键的技术。

早期数据可视化作为咨询机构、金融企业的专业工具,其应用领域相对单一,应用形态较为保守。步入大数据时代,各行各业对数据的重视程度与日俱增,随之而来的是对数据进行一站式整合、挖掘、分析、可视化的需求日益迫切,数据可视化呈现出极其旺盛的生命力,首先表现在它采用视觉元素多样化,从朴素的柱状图、饼状图、折线图,扩展到地图、气泡图、树图、仪表盘等各式图形。其次表现在它可用的开发工具越来越丰富,从专业的数据库、财务软件,扩展到基于各类编程语言的可视化库,相应的应用门槛也越来越低。

数据可视化,不仅仅是统计图表。本质上,任何能够借助图形的方式展示事物原理、规律、逻辑的方法都可称为数据可视化。

任务 1.2　数据可视化的来龙去脉

可视化发展史与测量、绘画、人类现代文明的启蒙和科技的发展一脉相承。在地图、科学与工程制图、统计图表中,可视化理念与技术已经应用和发展了数百年。

1. 17 世纪前:图表的萌芽

16 世纪时,人类已经掌握了精确的观测技术和设备,也采用手工方式制作可视化作品。

可视化的萌芽来自几何图表和地图生成,其目的是展示一些重要的信息,如图 1-1 和图 1-2 所示。

图 1-1　3 200 年前的苏美尔人粘图板城市地图

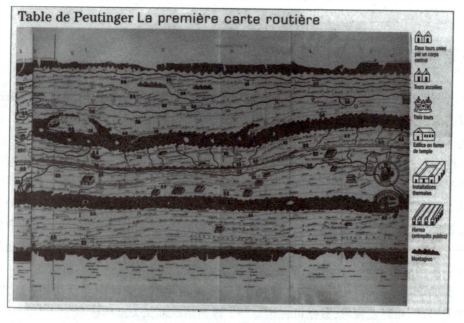

图 1-2　人类历史上第一幅城市交通图,呈现了罗马城的交通状况

2. 1700—1799 年：图形符号

进入 18 世纪，绘图师已不再满足于在地图上展现几何信息，于是发明了新的图形化表达形式（等值线、轮廓线）和其他物理信息的概念图（地理、经济、医学），如图 1-3 和图 1-4 所示。随着统计理论、实验数据分析的发展，抽象图和函数图被广泛发明。

(a)　　　　　　　　　　　　　　　　(b)

图 1-3　1701 年地球等磁线可视化（a）和 1758 年兰伯特的三维金字塔颜色系统可视化（b）

图 1-4　1765 年 Joseph Priestley 发明的时间线图（采用了单个线段表现某个人的一生，同时比较了公元前 1200 年到公元 1750 年间 2 000 个著名人物的生平。这幅作品直接激发了柱状图的诞生）

18 世纪是统计图形学的繁盛时期，奠基人 William Playfair 发明了折线图、柱状图、显示局部与整体关系的饼状图和圆图等现今人们常用的统计图表（图 1-5 和图 1-6）。

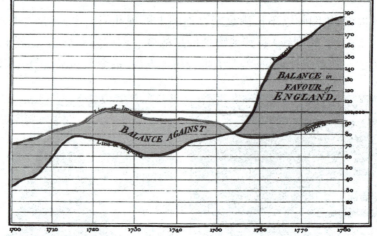

图1-5 丹麦和挪威1700—1780年间的贸易进出口序列图

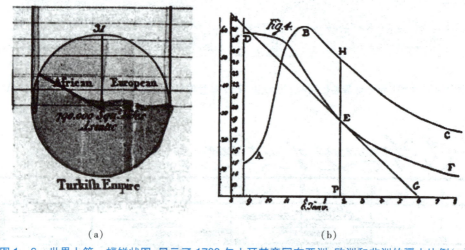

(a)　　　　　　　　　　　　　(b)

图1-6 世界上第一幅饼状图,显示了1789年土耳其帝国在亚洲、欧洲和非洲的疆土比例(a)和德国物理学家兰伯特用于表达水的蒸发和时间之间关系的线图可视化(b)

3. 1800—1900年:数据图形

随着工艺设计的完善,19世纪上半叶,统计图形、概念图等迅猛爆发,此时人们已经掌握了整套统计数据可视化工具,包括柱状图、饼状图、直方图、折线图、时间线、轮廓线等。与社会、地理、医学和经济相关的统计数据越来越多,将国家的统计数据和其表达放在地图上,产生了概念制图的新思维,主要开始在政府规划和运营中体现。采用统计图表来辅助思考,同时衍生了可视化思考的新方式:图表用于表达数学证明和函数;列线图用于辅助计算;各类可视化显示用于表达数据的趋势和分布,便于交流、获取和可视化观察。

图 1-7 和图 1-8 展示了部分实例。

19 世纪下半叶,可视化的构建方法日渐成熟,开始进入统计图形学的黄金时期。值得一提的是,法国人 Charles Joseph Minard 是将可视化应用于工程和统计的先驱者。其最著名的工作是 1869 年发布的描绘 1812—1813 年拿破仑进军莫斯科大败而归的历史事件的流图,这幅图如实地呈现了军队的位置和行军方向,军队汇聚、分散和重聚的地点与时间,军队减员的过程,撤退时低温造成的减员等信息,如图 1-8 所示。

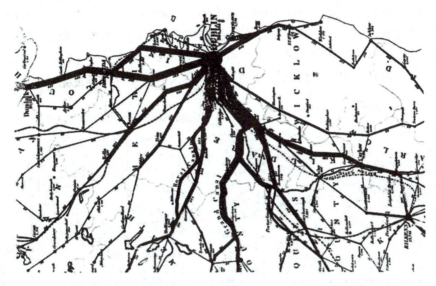

图 1-7　1837 年人类历史上第一幅流图,用可变宽度的线段显示了
交通运输的轨迹和乘客数量

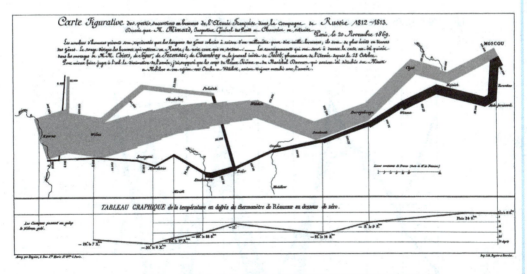

图 1-8　1812—1813 年拿破仑进军莫斯科的历史事件的流图可视化,
被誉为有史以来最好的统计可视化

4. 1975—1987 年:多维统计图形

20 世 70 年代以后,桌面操作系统、计算机图形学、图形显示设备、人机交互等技术

的发展激发了人们编程实现交互式可视化的热情。处理范围从简单的统计数据扩展为更复杂的网络、层次、数据库、文本等非结构化与高维数据。同时，高性能计算、并行计算的理论与产品正处于研制阶段，催生了面向科学与工程的大规模计算方法。数据密集型计算开始走上历史舞台，造就了对数据分析和呈现的更高需求。

1977年，美国著名统计学家John Tukey发表了"探索式数据分析"基本框架，它的重点不是可视化的效果，而是将可视化引入统计分析，促进人们对数据的深入理解。1982年，Edward Tufte出版了 *The Visual Display of Quantitative Information* 一书，构建了关于信息的二维图形显示的理论，强调有用信息密度的最大化问题。这些理论会同Jacques Berlin的图形符号学，逐渐推动信息可视化发展成一门学科。

图1-9和图1-10展现了部分具有里程碑意义的信息可视化方法。

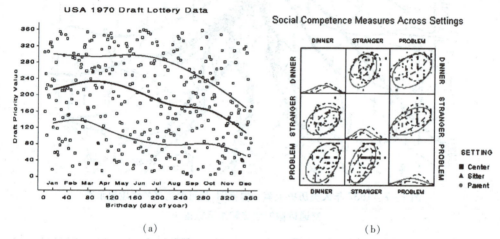

图1-9　1975年统计图形学家发明的增强散点图表达（三条移动统计均线）(a)
和John Hartigan发明的散点图矩阵(b)

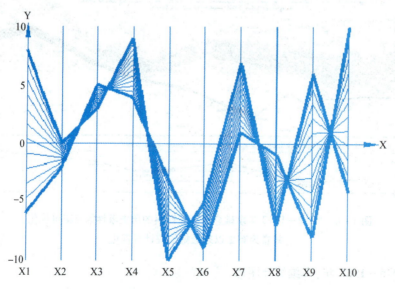

图1-10　1985年发明的表达高维数据的平行坐标

5. 1987—2004 年：交互可视化

1986 年 10 月，美国国家科学基金会主办了一次"图形学、图像处理及工作站专题讨论"的会议，旨在为从事科学计算工作的研究机构提出方向性建议。会议将计算机图形学和图像方法应用于计算科学的学科称为"科学计算之中的可视化"（Visualization in Scientific Computing, VISC）。

1987 年 2 月，美国国家科学基金会召开了首次有关科学可视化的会议，参会的有来自学术界、工业界以及政府部门的科研人员，会议报告正式命名并定义了科学可视化（Scientific Visualization），认为可视化有助于解决计算机图形学、图像处理、计算机视觉、计算机辅助设计、信号处理和人机界面中的相关问题，具有培育和促进科学突破和工程实践的潜力。同年，在图形学顶级会议 ACMSIGGRAPH 上，来自美国 GE 公司的 William Lorensen 和 Harvey Cline 发表了"移动立方体法"一文，掀起了科学可视化的热潮。这篇论文成为有史以来 ACMSIGGRAPH 会议中被引用次数最多的论文。1989 年，国际期刊 Compeer 发表了一期关于科学计算中的可视化研究的专刊。

20 世纪 70 年代后，放射影像从 X 射线发展到计算机断层扫描（CT）和核磁共振图像（MRI）技术。1989 年，美国国家医学图书馆（NLM）实施可视化人体计划。科罗拉多大学医学院将一具男性尸体和一具女性尸体从头到脚做 CT 扫描和核磁共振扫描，男的间距 1 mm，共 1 878 个断面；女的间距 0.33 mm，共 5 189 个断面。然后将尸体填充蓝色乳胶并裹以明胶后冰冻至零下 80 ℃，再以同样的间距对尸体做组织切片的数码相机摄影，如图 1-11（a）所示，分辨率为 2 048×1 216 像素，所得数据共 56 GB。这两套数据集极大地促进了三维医学可视化的发展，成为可视化标杆式的应用范例。

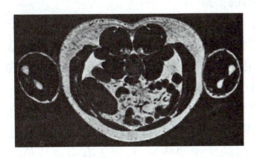 

(a)   (b)

图 1-11 美国可视化人体数据切片之一（a）和采用直接体可视化技术绘制鳄鱼木乃伊 CT 数据（b）

1990 年，IEEE 举办了首届 IEEE Visualization Conference，汇集了一个由物理、化学、计算、生物医学、图形学、图像处理等交叉学科领域研究人员组成的学术群体。2012 年，为突出科学可视化的内涵，会议更名为 IEEE Conference on Scientific Visualization。

自 18 世纪后期统计图形学诞生后，针对抽象信息的视觉表达手段仍然在不断进步，被用于揭示数据及其他隐匿模式的奥秘。与此同时，数字化的非几何的抽象数据如金融交易、社交网络、文本数据等大量涌现，促生了多维、时变、非结构化信息的可视化需求。

任务1.3 可视化帮助决策的方式

数据的可视化展示方式有多种。但是,仅有少数方式能够使人们通过视觉看懂且观察到的新模式来描述数据。大多数情况下,数据集的可视化会有不同的表现形式,但总有一些人能够画出比其他人更清晰的图片来帮助理解。在某些环境中,必须通过多次分析才能得到可视化的更好解释。

良好的可视化不仅能看到如博物馆展览一样的静态图,还能深入挖掘数据,发现更多有价值的信息。好的可视化结果能帮助用户探索和理解数据,提供有价值的观点。它是有效的、具有视觉吸引力的、可伸缩的并且容易理解的。

专家对数据可视化的使用范围存在着不同的看法。有专家认为,数据可视化是可视化的一个子类,主要处理统计图形、抽象的地理信息或概念型的空间数据。现在的主流观点将数据可视化看成传统的科学可视化和信息可视化,处理对象可以是任意数据类型、具有任意数据特征,以及异构异质数据的组合。大数据时代的数据更具复杂性、多样性。

可视化技术提供了将不可见转化为可见的方法。丰富了科学发现的过程,促进对未知事物的领悟。近年,可视化的应用范围随着计算机技术、图形学技术的发展而不断拓宽,除继续在传统的医学、汽车设计、气象预报和海洋学等领域的深入研究外,开始向互联网技术和电子商务方向发展,信息可视化已经成为可视化技术的热点研究内容。应用可视化技术,可以在具有大量高维信息的金融、通信和商业领域中发现各自数据中隐含的内在规律,从而为决策提供更充分、有力的依据。

数据可视化无处不在,日常消费支出、电子商务、教育等领域随处可见。人们每个月的各项花销占比等都能够在支付平台的统计页面中看得清清楚楚;在电子商务网站的商家后台,可以看到商品的浏览量、流量转化率、客户地域分布等信息;不同类型的数据变成了图表,能够充分帮助人们在生活的各个方面调整自己的决策。

无论是哪种职业和应用场景,数据可视化都能准确而高效、精简而全面地传递信息和知识。将不可见的数据现象转化为图形符号,简单好理解,将错综复杂、看起来没法解释和关联的数据建立起联系,发现数据之间的规律和特征,获得更有商业价值的信息。

数据可视化技术有很多,在这里重点介绍 Web 中的数据可视化技术。
- HTML 5 Canvas

2012 年 12 月 17 日,万维网联盟(W3C)宣布 HTML 5 规范已经正式定稿。W3C 的发言稿称:"HTML 5 是开放的 Web 网络平台的奠基石。"

2013 年 5 月 6 日,HTML 5.1 正式草案公布。该规范定义了第五次重大版本,第一次要修订万维网的核心语言——超文本标记语言(HTML)。新功能不断推出,帮助 Web 应用程序的作者努力提高新元素互操作性。

从本次草案发布至今,进行了多达近百项的修改,包括 HTML 和 XHTML 的标签,相关的 API、Canvas 等。同时,HTML 5 的图像 IMG 标签及 SVG 也进行了改进,性能得到进一步提升。

<Canvas></Canvas>是HTML 5出现的新标签,像所有的DOM对象一样,它有自己本身的属性、方法和事件。使用Canvas的基本方式是,使用JavaScript调用Canvas的API绘图。JavaScript库(如jQuery等)将其封装,以方便使用,HTML 5 Canvas也有相应的JavaScript库,如:

Chart.js库,将很多基本统计图的实现方法封装起来,只要通过简单调用即可实现。其优点是简单易用,如果要做深度定制,还不太够用。

Kinetic.js,是近年来Canvas类库中的新秀。优点是在处理大量对象的时候快,因为使用了多Canvas技术。在它的官网上也可以找到很多类似于Flash动画的例子。它的教程也非常不错,可能是目前最强的库。

ECharts,一个由百度前端发起的Canvas国产类库。这个ECharts其实是在Canvas类库ZRender的基础上做的主题图库。数据驱动、图例丰富、功能强大是它最大的优点。其支持数据拖曳重计算、数据区域漫游,而且是全中文文档。本书主要内容就是根据ECharts开发实施使用的。

• SVG

关于SVG技术,在W3C中的定义如下:

①可伸缩矢量图形(Scalable Vector Graphics)。
②用来定义用于网络的基于矢量的图形。
③使用XML格式定义图形。
④图像在放大或改变尺寸的情况下,其图形质量不会有所损失。
⑤是万维网联盟的标准。
⑥与诸如DOM和XSL之类的W3C标准是一个整体。

使用SVG时,通常也是使用类库来提升效率。这里的类库主要有三种:

Highcharts,在浏览器中使用SVG绘图,在IE6、IE7、IE8中用VML绘图,包含一堆预定义的图表和样式。唯一的问题是这个库只对非商业用途免费。

Raphael,以著名画家拉斐尔之名命名的绘图JS库。与Highcharts类似,也是SVG+VML兼容性方案。开源,使用广泛。

D3.js,D3的全称为Data–Driven Documents(数据驱动文档),其是应用在Web开发上的开源JS组件库,是一个数据可视化工具。D3应用得最为广泛,但只支持SVG。

• WebGL

无论是Canvas还是SVG,都不能绘制3D图形。很多在网页上显示3D图形的方案,都需要在电脑上安装相应的插件(例如Flash、Silverlight)。之前曾经有过很多Web 3D渲染技术,但不是要下插件,就是编程复杂,于是渐渐被淘汰。WebGL是一项使用JavaScript实现3D绘图的技术,浏览器无须插件支持,Web开发者直接使用JavaScript调用相关API就能借助系统显卡(GPU)进行编写代码,从而呈现3D场景和对象。

数据可视化在现实生活中都有哪些应用呢?

1. 宏观态势可视化

宏观态势可视化指在特定环境中对随时间推移而不断变化的目标实体进行觉察,

能够直观、灵活、真实地展示宏观态势,可以很快掌握某一领域的整体态势、特征。

2. 设备仿真运行可视化

通过图形图像、三维动画及计算机程控技术与实体模型融合,实现对设备的可视化表达,使管理者对所管理的设备有形象、具体的概念,对设备所处的位置、外形及所有参数一目了然,大大降低管理者的劳动强度,提高管理效率和管理水平,是"工业4.0"涉及的"智能生产"的具体应用之一,如图1-12所示。

图1-12 设备仿真运行可视化

3. 数据统计分析可视化

数据统计分析可视化是目前提及最多的应用,多见于商业智能、政府决策、公众服务、市场营销等领域。借助可视化的数据图表,能清晰、有效地传达与沟通信息。

综合实训

请用300~500字描述大数据可视化在现实生活中的运用。

项目二
jQuery 可视化应用

【项目描述】

本项目需要完成一个市场招聘需求监控分析系统,主要利用 Web 界面中的图表进行展现,这将是对数据可视化技术的应用之一。这样的案例非常多,可以通过哪些方式来对数据实现可视化呢?本项目先讨论 jQuery 的使用,利用 jQuery 来完成数据可视化的处理,将有价值的信息表现出来。

请查阅资料,了解并讨论 jQuery 的相关技术。

【项目分析】

将采集到的招聘数据转换成更容易理解的信息,如职位的地域分布、职位月度变化趋势等。本项目将用到 jQuery、Bootstrap、ECharts 等开源技术,其中 jQuery 是基础,通过它来选择网页中的元素,同时对元素的属性和样式进行修改。本项目中主要通过对 jQuery 的学习,将呆板的数据利用专门工具进行处理后,用不同的方式进行展示,从而发现数据背后的价值,最大化利用数据为人们的生活服务。

任务 2.1 jQuery 是什么

jQuery 是一个 JavaScript 框架,其快速、简洁。其设计宗旨是"Write Less,Do More",即提倡少写代码,做更多事情。它封装了 JavaScript 常用的功能代码,提供一种更为简便的 JavaScript 设计模式,优化了 HTML 文档操作、事件处理、动画设计和 Ajax 交互。

jQuery 有着丰富的文档,因为其轻量级的特性,文档并不复杂,随着新版本的发布,可以很快被翻译成多种语言,这也是 jQuery 流行的原因。jQuery 支持 CSS 的选择器,兼容 IE 6.0+、Firefox 2+、Safari 3.0+、Opera 9.0、Chrome 等浏览器。同时,有几千种丰富多彩的插件、大量有趣的扩展和出色的社区支持,弥补了 jQuery 功能较少的不足,也为 jQuery 提供了众多非常有用的功能扩展。由于其简单易学,jQuery 很快成为当今最为流行的 JavaScript 库,成为开发复杂度较低的 Web 应用程序的首选 JavaScript 库,得到了如微软、Google 的支持。

jQuery 功能：

(1)快速获取文档元素

jQuery 的选择机制构建于 CSS 的选择器，它提供了快速查询 DOM 文档中元素的功能，而且大大强化了 JavaScript 中获取页面元素的方式。

(2)提供漂亮的页面动态效果

jQuery 中内置了一系列的动画效果，可以开发出非常漂亮的网页，目前许多网站都使用 jQuery 的内置的效果，比如淡入淡出、元素移除等动态特效。

(3)创建 Ajax 无刷新网页

Ajax 是异步的 JavaScript 和 XML 的简称，可以开发出非常灵敏、无刷新的网页，特别是开发服务器端网页时，比如 PHP 网站，需要频繁地与服务器通信，如果不使用 Ajax，每次数据更新不得不重新刷新网页，而使用 Ajax 特效后，可以对页面进行局部刷新，提供动态的效果。

(4)提供对 JavaScript 语言的增强

jQuery 提供了对基本 JavaScript 结构的增强，比如元素迭代和数组处理等操作。

(5)增强的事件处理

jQuery 提供了各种页面事件，程序员不用在 HTML 中添加太多事件处理代码，最重要的是，它的事件处理器消除了各种浏览器兼容性问题。

(6)更改网页内容

jQuery 可以修改网页中的内容，比如更改网页的文本、插入或者翻转网页图像。jQuery 简化了原本使用 JavaScript 代码需要处理的方式。

任务 2.2　jQuery 的安装与使用

目前 jQuery 有三个大版本：

1. x 版本：兼容 ie678，使用最为广泛，官方只做 BUG 维护，功能不再新增。因此一般项目来说，使用 1.x 版本就可以了。最终版本：1.12.4(2016 年 5 月 20 日)。

2. x 版本：不兼容 ie678，使用人数较少，官方只做 BUG 维护，功能不再新增。如果不考虑兼容低版本的浏览器，可以使用 2.x。最终版本：2.2.4(2016 年 5 月 20 日)。

3. x 版本：不兼容 ie678，只支持最新的浏览器。除非特殊要求，一般不会使用 3.x 版本的，很多老的 jQuery 插件不支持这个版本。目前该版本是官方主要更新维护的版本。最新版本为 3.3.1(2018 年 1 月 20 日)。

在网页中添加 jQuery：

可以通过多种方法在网页中添加 jQuery。

(1)从 jquery.com 下载 jQuery 库

有两个版本的 jQuery 可供下载：

①production version，用于实际的网站中，已被精简和压缩。

②development version，用于测试和开发(未压缩，是可读的代码)。

以上两个版本都可以从 jquery.com 中下载。

jQuery 库是一个 JavaScript 文件,可以使用 HTML 的 <script> 标签引用它:

```
1. <head>
2. <script src = "jquery-1.12.4.min.js"></script>
3. </head>
```

提示:将下载的文件放在网页的同一目录下,就可以使用 jQuery。

(2)从 CDN 中载入 jQuery,如从 Google 中加载 jQuery

如果不希望下载并存放 jQuery,那么也可以通过 CDN(内容分发网络)引用它。Staticfile CDN、百度、又拍云、新浪、谷歌和微软的服务器中都存有 jQuery。

如果站点用户是国内的,建议使用百度、又拍云、新浪等国内 CDN 地址;如果站点用户是国外的,可以使用谷歌和微软。

比如需从百度 CDN 引用 jQuery,请使用以下代码之一:

```
1. <head>
2. <script src = "http://libs.baidu.com/jquery/1.11.1/jquery.min.js">
3. </script>
4. </head>
```

1. 关于元素

(1)DOM

DOM 是 Document Object Model 的缩写,指文档对象模型。DOM 是一种与浏览器、平台、语言无关的接口,该接口可以访问页面中所有的标准组件。DOM 操作可以分为三个方面,即 DOM Core(核心)、HTM – DOM 和 CSS – DOM。

• DOM Core

DOM Core 可以处理任何一种使用标签的语音,不只是 HTML,还有 XML 等。在 JavaScript 中常用到的 getElementById()、getElementByTagName()、getAttribute()、setAttribute()等方法都属于 DOM Core 中的核心方法。

• HTML – DOM

通常 HTML – DOM 只是用于处理 Web 文档。

• CSS – DOM

CSS – DOM 主要用于获取和设置 style 对象的各种属性。

每一个网页都可以用 DOM 表示出来,每个 DOM 都可以看作一棵 DOM 树,用户在这棵树上进行操作。

jQuery 中的 DOM 操作主要对包括建(新建)、增(添加)、删(删除)、改(修改)、查(查找)。

(2)使用 $() 函数

jQuery 对象是一个类数组的对象,含有连续的整形属性以及一系列的 jQuery 方法。它将所有的操作都包装在一个 jQuery() 函数中,形成了统一(也是唯一)的操作入口。

jQuery 使用 $ 符号作为简写方式。

基础语法是

```
$(selector).action()
```

其中,美元符号定义 jQuery;选择符(selector)用于查询和查找 HTML 元素;action( ) 执行对元素的操作。

示例:

```
1. $(this).hide()//隐藏当前元素
2. $("p").hide()//隐藏所有段落
3. $(".test").hide()//隐藏所有class="test"的元素
4. $("#test").hide()//隐藏所有id="test"的元素
```

如果在文档没有完全加载之前就运行 jQuery 函数,操作可能失败。案例中的所有 jQuery 函数都应该位于一个 document ready 函数中:

```
5. $(document).ready(function(){
6. //执行jQuery函数
7. });
```

(3) CSS 选择器

在 CSS 中,选择器的作用是获取元素,再为其添加 CSS 样式,美化外观;jQuery 选择器继承了 CSS 选择器的语法,同时,获取页面元素便捷、高效。jQuery 选择器与 CSS 选择器的不同之处在于,jQuery 选择器获取元素后,为该元素添加的是行为,使页面交互变得丰富。

下面是常用的 CSS 选择器:

- 元素标签名:比如 $("a") 会选出所有链接元素。
- #id:通过元素 id 进行选择,比如 $("#form1") 会选择 id 为 form1 的元素。
- .class:通过元素 CSS 类来选择,比如 $(".boldstyle") 会选择 CSS 为 boldstyle 类的元素。
- 标签名#id.class:通过某类元素的 id 属性和 class 属性来选择,如 $(a#blog.boldStyle) 会选择 id 为 blog 并且 CSS 类型为 boldStyle 的链接元素(<a id='blog'class='boldStyle'>)。
- 父标签名 子标签名.class:选择父标签下的某种 CSS 类型的子元素,如 $(p a.redStyle) 会选择 p 段落元素中的链接子元素 a,并且其 CSS 类名为 redStyle。

(4) 属性选择器

jQuery 使用 XPath 表达式来选择带有给定属性的元素。

- $("[href]"),选取所有带有 href 属性的元素。
- $("[href='#']"),选取所有带有 href 值等于"#"的元素。
- $("[href!='#']"),选取所有带有 href 值不等于"#"的元素。
- $("[href$='.jpg']"),选取所有 href 值以".jpg"结尾的元素。

(5) DOM 遍历

jQuery 遍历,根据其相对于其他元素的关系来"查找"(或选取)HTML元素。以某项选择开始,并沿着这个选择移动,直到查找到期望的元素为止。

图 2-1 是一个家族树。通过 jQuery 遍历,能够从被选(当前的)元素开始,在家族树中向上移动(祖先)、向下移动(子孙)、水平移动(同胞)。这种移动被称为对 DOM 进行遍历。

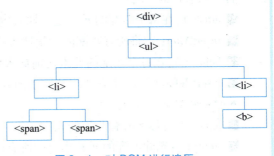

图 2-1 对 DOM 进行遍历

jQuery 提供了多种遍历方法。这里介绍树遍历(tree – traversal)。

- 向上遍历 DOM 树

这些 jQuery 方法很有用,它们用于向上遍历 DOM 树。

■ parent():返回被选元素的直接父元素。

■ parents():返回被选元素的所有祖先元素,一路向上,直到文档的根元素(<html>)。

■ parentsUntil():返回介于两个给定元素之间的所有祖先元素。

- 向下遍历 DOM 树

下面是两个用于向下遍历 DOM 树的 jQuery 方法:

■ children():返回被选元素的所有直接子元素。

■ find():返回被选元素的子孙元素,一路向下,直到最后一个子孙。

- 在 DOM 树中水平遍历

■ siblings():返回被选元素的所有兄弟元素。

■ next():返回被选元素的下一个兄弟元素。

■ nextAll():返回被选元素的所有跟随的兄弟元素。

■ nextUntil():返回介于两个给定参数之间的所有跟随的兄弟元素。

■ prev():返回被选元素的前一个兄弟元素。

■ prevAll():返回被选元素的所有前面的兄弟元素。

■ prevUntil():返回介于两个给定参数之间的所有前面的兄弟元素。

(6)操作 DOM 元素

- Query 插入元素的方法

插入子元素方法:

■ append():向每个匹配的元素内部添加元素。

■ appendTo():将所有匹配的元素追加到指定的元素中,如 $(A).appendTo(B),是将 A 追加到 B 中。

■ prepend():向每个匹配的元素内部前置内容。

■ prependTo():将所有匹配的元素前置到指定元素中,即 $(A).prependTo(B),是将 A 前置到 B 中。

插入兄弟元素方法：
- after()：在每个匹配的元素之后插入内容。
- insertAfter()：将所有匹配的元素插入指定元素的后面。
- before()：在每个匹配的元素之前插入内容。
- insertBefore()：将所有匹配的元素插入指定元素的前面。

• jQuery 中删除节点的方法
- remove()：移除所有匹配的元素。
- empty()：删除匹配的元素集合中所有内容，包括子节点。注意，元素本身没有被删除。

• jQuery 中复制节点的方法
- clone()：创建匹配元素集合的副本。

• jQuery 中替换节点的方法
- replaceAll()：用指定的 HTML 内容或元素替换被选元素。
- replaceWith()：用新内容替换所匹配到的元素。

其中的内容可以是 HTML 代码，可以是新元素，也可以是已经存在的元素。

• jQuery 中包裹节点的方法

包裹节点，指把匹配的元素用指定的内容或者元素包裹起来，即增加一个父元素。
- wrap()：把匹配的元素用指定的内容或元素包裹起来。
- wrapAll()：把所有匹配的元素用指定的内容或元素包裹起来，这里会将所有匹配的元素移动到一起，合成一组，只包裹一个 parent。
- wrapInner()：将每一个匹配元素的内容用指定的内容或元素包裹起来。

(7) jQuery 示例

```
1.  <!DOCTYPE html>
2.  <html>
3.  <head>
4.  <meta charset = "utf-8">
5.  <title>jquery 示例</title>
6.  <script src = "http://libs.baidu.com/jquery/1.11.1/jquery.min.js"></script>
7.  </head>
8.  <body>
9.  <ptitle = "最喜欢的运动">你最喜欢的运动是什么呢</p>
10. <ul>
11. <li title = "篮球">篮球</li>
12. <li title = "足球">足球</li>
13. <li title = "羽毛球">羽毛球</li>
14. </ul>
15. <button>测试</button>
16. <script>
17. $(document).ready(function(){
```

```
18. $("button").click(function(){
19. var $li = $("ul li:eq(0)"); //查找 ul 中的第一个<li>
20. console.log($li.text()); //打印出第一个节点中的文本内容
21. var $p = $("p"); //获取节点<p>
22. var p_text = $p.attr("title");  //获取节点<p>的属性 title 的值
23. console.log(p_text);         //打印 title 的值
24. $("p").removeAttr("title"); //删除<p>的 title 属性
25. $("p").attr("class","end"); /* 将<p>标签的样式 class 从
    start 改为 end*/
26. var $li_new = $("<li>乒乓球</li>"); //创建一个<li>元素
27. $("ul").append($li_new); //将其添加到<ul>下
28. $("ul li:eq(0)").remove(); /* 获取 ul 下的第一个<li>节点后,
    删除该节点 */
29. $("p").wrap("<b></b>"); //用<b>标签将<p>包裹起来
30. //遍历节点
31. var $body = $("body").children();
32. var $p = $("p").children();
33. var $ul = $("ul").children();
34. console.log($body.length); //结果为 2
35. console.log($p.length); //结果为 0
36. console.log($ul.length); //结果为 3
37. });
38. });
39. </script>
40. </body>
41. </html>
```

2. 事件

HTML 页面对不同访问者的响应称为事件。事件处理程序指当 HTML 中发生某些事件时所调用的方法。

例如,在元素上移动鼠标、单击按钮、选择元素。

在事件中经常使用术语"触发"(或"激发"),如"当您按下按键时触发 keypress 事件"。

(1)在页面加载后执行任务

$(document).ready()方法允许在文档完全加载后执行该函数。

如果在文档没有完全加载时就运行 jQuery 函数,则操作可能失败。因此,通常需要将 jQuery 函数放到这个方法中运行:

```
1. $(document).ready(function(){
2. //执行 jQuery 函数
3. });
```

(2)处理简单事件

在 jQuery 中,大部分 DOM 中定义的事件都有一个对应的 jQuery 方法。处理事件的 jQuery 方法被调用时,不进行任何参数的传递工作,代表触发相应事件;如果添加一个自定义的函数作为参数,代表当前事件发生时需要做的处理。

例如,页面中指定一个单击事件:

```
1. $("p").click();
```

通过一个自定义函数实现当单击事件触发后需要执行的内容:

```
1. $("p").click(function(){
2. //动作触发后执行的代码
3. });
```

(3)一些常用的事件函数

• click()方法:当按钮单击事件被触发时,会调用一个函数。

该函数在用户单击 HTML 元素时执行。

在下面例子中,当单击 <p> 元素时,触发 click()事件里面的函数参数,函数的具体操作是隐藏当前的 <p> 元素:

```
1. $("p").click(function(){
2. $(this).hide();
3. });
```

• hover()方法:用于模拟光标悬停事件。

当鼠标移动到元素位置时,会触发指定的第一个函数(mouseenter);当鼠标移出这个元素时,会触发指定的第二个函数(mouseleave)。

• 当元素获得焦点时,触发 focus 事件。

当通过鼠标单击选中元素或通过 Tab 键定位到元素时,元素就会获得焦点。

focus()方法触发 focus 事件,或规定当发生 focus 事件时运行的函数。

• 当元素失去焦点时,触发 blur 事件。

blur()方法触发 blur 事件,或规定当发生 blur 事件时运行的函数。

3. AJAX 基于请求加载数据

AJAX 即"Asynchronous JavaScript and XML"(异步 JavaScript 和 XML),指一种创建交互式网页应用的网页开发技术。传统的网页(不使用 AJAX)当需要更新内容时,必须重载整个网页页面。通过在后台与服务器进行少量的数据交换,AJAX 能够使网页实现异步更新。这表示可以在不重新加载整个网页的情况下,对网页的局部进行更新。

(1)ajax()方法

ajax()方法用于执行 Ajax(异步 HTTP)请求。
语法如下:

1. $.ajax({name:value,name:value,...})

ajax()方法中的参数规定了发送请求中需要附加的数据,这些数据使用键值对的形式进行表示,见表2-1。

表2-1 列出了可能使用的键值对

名称	值/描述
Async	布尔值,表示请求是否异步处理。默认是 true
complete(xhr,status)	请求完成时运行的函数(在请求成功或失败之后均调用,即在 success 和 error 函数之后)
contentType	发送数据到服务器时所使用的内容类型。默认是 application/x-www-form-urlencoded
Data	规定要发送到服务器的数据
error(xhr,status,error)	当请求失败时要运行的函数
success(result,status,xhr)	当请求成功时运行的函数
Timeout	设置本地的请求超时时间(以毫秒计)
Type	规定请求的类型(GET 或 POST)
url	规定发送请求的 URL。默认是当前页面

例:

```
1. $.ajax({
2. type:"POST",//提交方式
3. url:"/org/delete",//路径
4. data:{
5. "org.id":"${org.id}"
6. },//数据,这里使用的是 Json 格式进行传输
7. success:function(result){
8. //返回数据根据结果进行相应的处理
9. if(result.success){
10. //对成功的处理
11. }else{
12. //对失败的处理
13. }
14. });
```

(2) get( ) 和 post( ) 方法

jQuery 的 get( ) 和 post( ) 方法通过 HTTP GET 或 POST 请求从服务器请求数据。这两个方法比 ajax( ) 方法使用起来更简单方便。

- get( ) 方法

语法：

```
1. $.get(URL,callback);
```

URL 参数是必需的，约定希望请求的 URL。

callback 参数是可选的，是请求成功后所执行的函数名。

下面的例子使用 $.get( ) 方法从服务器上的一个文件中取回数据。

例：

```
1. $("button").click(function(){
2. $.get("demo_test.php",function(data,status){
3. alert("数据:"+data+"\n状态:"+status);
4. });
5. });
```

- post( ) 方法

语法：

```
1. $.post(URL,data,callback);
```

URL 参数是必需的，约定希望请求的 URL。

data 参数是可选的，约定连同请求发送的数据。

callback 参数是可选的，是请求成功后所执行的函数名。

下面的例子使用 $.post( ) 连同请求一起发送数据。

例：

```
1. $("button").click(function(){
2. $.post("/ajax/test_post.php",
3. {
4. name:"admin",
5. url:"http://www.baidu.com"
6. },
7. function(data,status){
8. alert("数据:\n"+data+"\n状态:"+status);
9. });
10. });
```

综合实训

1. 什么是 jQuery？

2. 简述 domready 和 onload 事件的区别。说明图片的 onload、domready 和页面 onload 的先后顺序，并简述原因。

3. 请解释 XMLHttpRequest 对象，并简要说明 jQuery 中的 $.ajax 方法的使用方法。

项目三 ECharts 绘图

【项目描述】

我们在完成的市场招聘需求监控分析系统中,主要利用了 Web 界面中的图表进行展现,这是对数据可视化技术的应用之一。这样的案例非常多,上一项目讨论了用 jQuery 来实现数据可视化的处理,但是在市场招聘需求监控分析系统中,需要对招聘职位数据进行多方面展现,比如招聘职位排行、招聘职位地域分布等,需要用到柱形图、饼状图、地图等形式的图表。本项目完成项目经理布置的第二个任务:利用开源的 ECharts 框架为设计的页面添加图表。

【项目分析】

数据可视化最终是为了满足用户对数据的价值期望,本项目借助对应的可视化工具,还原和探索数据背后的隐藏价值,形象、直观地展现出数据所代表的趋势和状态。

本项目利用 ECharts 来实现。ECharts 是百度公司开发的一个使用 JavaScript 实现的开源可视化库,能提供常规折线图、柱状图、散点图、饼状图、K 线图,以及用于统计的盒图,用于地理数据可视化的地图、热力图、线图,用于关系数据可视化的关系图、treemap、旭日图,多维数据可视化的平行坐标,还有用于 BI 的漏斗图,仪表盘,并且支持图与图之间的混搭。其功能非常强大,因此选择 ECharts 框架为设计好的页面添加图表。

请查阅资料,了解并讨论 ECharts 的相关技术。

任务 3.1 认识 ECharts

ECharts 是百度公司开发的一个使用 JavaScript 实现的开源可视化库,能够流畅地运行在 PC 端和移动端,兼容目前绝大部分浏览器(IE8/9/10/11/12、Chrome、Firefox、Safari 等),底层依赖轻量级的矢量图形库 ZRender,提供直观、交互丰富、能高度个性化定制的数据可视化图表。

项目三 ECharts 绘图

可以通过以下几种方式获取 ECharts。

①在官网的下载界面中选择需要的版本进行下载。下载界面中,根据开发者对功能和大小的需求,提供了不同打包的下载,如果在大小上没有要求,可以直接下载完整版本。对于开发环境,建议下载源代码版本,这是因为其中包含了常见的错误提示和警告。

②在 ECharts 的 GitHub 上下载最新的 release 版本,解压出来的文件夹里有一个 dist 目录,可以找到最新版本的 ECharts 库。

③通过 NPM 获取 ECharts、npm install echarts – save。

④通过 CDN,可以在 CDNJS、NPMCDN 或者国内的 BooTCDN 上找到 ECharts 的最新版本。

下载源文件后,引入插件示例如下:

```
4. <!DOCTYPE html>
5. <html>
6. <head>
7. <meta charset = "utf -8">
8. <!-- 引入 ECharts 文件 -->
9. <script src = "echarts.min.js"></script>
10. </head>
11. </html>
```

绘制简单图表的步骤如下:

首先为 ECharts 准备一个具备宽高的 DOM 容器,然后可以利用 ECharts 进行绘图。

```
1. <body>
2. <!-- 为 ECharts 准备一个具备大小(宽高)的 DOM -->
3. <div id = "main" style = "width:600px;height:400px;"></div>
4. </body>
```

然后可通过 echarts.init 方法初始化一个 ECharts 实例,同时通过 setOption 方法生成一个简单的柱状图,以下是完整代码:

```
1. <!DOCTYPE html>
2. <html>
3. <head>
4. <meta charset = "utf -8">
5. <title>ECharts</title>
6. <!-- 引入 echarts.js -->
7. <script src = "echarts.min.js"></script>
8. </head>
9. <body>
10. <!-- 为 ECharts 准备一个具备大小(宽高)的 DOM -->
11. <div id = "main" style = "width:600px;height:400px;"></div>
```

```
12. <script type="text/javascript">
13. //基于准备好的DOM,初始化ECharts实例
14. var myChart=echarts.init(document.getElementById('main'));
15.
16. //指定图表的配置项和数据
17. var option={
18. title:{
19. text:'ECharts 入门示例'
20. },
21. tooltip:{},
22. legend:{
23. data:['销量']
24. },
25. xAxis:{
26. data:["衬衫","羊毛衫","雪纺衫","裤子","高跟鞋","袜子"]
27. },
28. yAxis:{},
29. series:[{
30. name:'销量',
31. type:'bar',
32. data:[5,20,36,10,10,20]
33. }]
34. };
35.
36. //使用刚指定的配置项和数据显示图表
37. myChart.setOption(option);
38. </script>
39. </body>
40. </html>
```

这时,属于我们的第一个利用EChatrts开发的图表就诞生了,如图3-1所示。

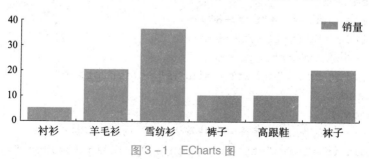

图3-1 ECharts 图

任务 3.2　ECharts 的基本配置

ECharts 支持许多基本配置项,包括标题、图例、x 和 y 坐标轴的设置等。对于这些配置,定义一个字典就可以了:

```
1. //指定图表的配置项和数据
2. var option={
3. title:{
4. text:'ECharts 入门示例'
5. },
6. tooltip:{},
7. legend:{
8. data:['销量']
9. },
10. xAxis:{
11. data:["衬衫","羊毛衫","雪纺衫","裤子","高跟鞋","袜子"]
12. },
13. yAxis:{},
14. series:[{
15. name:'销量',
16. type:'bar',
17. data:[5,20,36,10,10,20]
18. }]
19. };
```

在创建和显示图表时,传入刚才定义好的配置字典:

```
1. //使用刚指定的配置项和数据显示图表
2. myChart.setOption(option);
```

同时,可以参考官方文档,更详细地理解配置项的具体内容:https∥www.echartsjs.com/option.html#title。

下面给出几个常用配置项的具体操作。

1. 标题设置

标题组件包含主标题和副标题。

在 ECharts 2.x 中,单个 ECharts 实例最多只能拥有一个标题组件。但在 ECharts 3 中可以存在任意多个标题组件,这需要对标题进行排版。

以下是设置标题时的一些常用属性:

title.show:boolean 类型[default:true],是否显示标题组件。

title.text：string 类型［default：''］，主标题文本，支持使用 \n 换行。

title.link：string 类型［default：''］，主标题文本超链接。

title.target：string 类型［default：'blank'］，指定窗口打开主标题超链接。可选值：'self'，当前窗口打开，'blank'，新窗口打开。

title.textStyle：Object 类型，该配置项主要用来设置标题字体的样式，以键值对的格式进行配置。在绘制 ECharts 图表时，经常需要修改的标题样式有 color、fontSize、width、height 等。富文本标题也有相同的设置，其设置在 subtextStyle 中。

title.subtext：string 类型［default：''］，副标题文本，支持使用 \n 换行。

title.sublink：string 类型［default：''］，副标题文本超链接，通过配置富文本超链接的信息，可实现单击富文本标题时进行页面跳转。

title.subtarget：string 类型［default：'blank'］，指定窗口打开副标题超链接。可选值：'self'当前窗口打开，'blank'新窗口打开。

title.textAlign：string 类型［default：'auto'］，整体（包括 text 和 subtext）的水平对齐。可选值：'auto''left''right''center'。

title.left、title.top、title.right、title.bottom：string、number 类型［default：'auto'］，grid 组件离容器左侧、上侧、右侧、下侧的距离。其值可以是像 15 这样的具体像素值，也可以是像'15%'这样相对于容器宽高的百分比。其中，left 的值可以是'left''center''right'，top 的值可以是'top''middle''bottom'。而 right 和 bottom 默认是自适应的。

2. 坐标轴设置

对于直角坐标系 grid 中的 x 轴，一般情况下单个 grid 组件最多只能放上、下两个 x 轴，超出两个 x 轴，则需要通过配置 offset 属性来防止同一个位置多个 x 轴的重叠情况。

对于直角坐标系 grid 中的 y 轴，一般情况下单个 grid 组件最多只能放左、右两个 y 轴，超出两个 y 轴，则需要通过配置 offset 属性来防止同一个位置多个 y 轴的重叠情况。

x 轴和 y 轴的属性基本相同，下面以 y 轴为例来说明坐标轴的常用属性。

①yAxis.position：string 类型，y 轴的位置。可选值：left 和 right。

②yAxis.type：string 类型［default：'value'］，坐标轴类型。可选值：

- value，数值轴，适用于连续数据。
- category，类目轴，适用于离散的类目数据。当使用该类型时，必须通过 data 设置类目数据。
- time，时间轴，适用于连续的时序数据。时间轴带有时间的格式化，在刻度计算上表示会根据跨度的范围来决定使用用月、星期、日还是小时范围的刻度。
- log，对数轴。适用于对数数据。

③yAxis.name：string 类型，坐标轴名称，通常用来标注坐标轴使用，默认显示在 x、y 轴的顶端，也可以通过 nameLocation 设置显示的具体位置。

④yAxis.nameLocation：string 类型［default：'end'］，坐标轴名称显示位置。可选 start、middle 或者 center、end。

⑤yAxis.nameTextStyle：Object 类型，坐标轴名称的文字样式。在开发过程中，经常会使用的配置项有 color、fontWeight、fontSize、align、width、height 等。

⑥yAxis.nameGap：number 类型［default：15］，坐标轴名称与轴线之间的距离。
⑦yAxis.nameRotate：number 类型［default：null］，坐标轴名称旋转角度值。
⑧yAxis.min：number、string、function 类型［default：null］，坐标轴刻度最小值。

可设置成特殊值"dataMin"，此时取数据在该轴上的最小值作为最小刻度。若不设置，会自动计算最小值，以保证坐标轴刻度的均匀分布。

在类目轴中，也可设置为类目的序数（如类目轴 data:['类 A', '类 B', '类 C']中，序数 2 表示"类 C"。也可设置为负数，如 -3）。

当设置成 function 时，可根据计算得出的数据的最大值和最小值来设定坐标轴的最小值。如：

```
1. min:function(value){
2.    return value.min -20;
3. }
```

其中，value 是一个包含 min 和 max 的对象，分别表示数据的最大值和最小值，这个函数应该返回坐标轴的最小值。

⑨yAxis.max：number、string 类型［default：null］，坐标轴刻度最大值。

可设置成特殊值"dataMax"，此时取数据在该轴上的最大值作为最大刻度，若不设置，会自动计算最大值，以保证坐标轴刻度的均匀分布。

在类目轴中，也可设置为类目的序数（如类目轴 data:['类 A', '类 B', '类 C']中，序数 2 表示"类 C"。也可设置为负数，如 -3）。

当设置成 function 时，可根据计算得出的数据的最大值和最小值设定坐标轴的最小值。如：

```
1. max:function(value){
2.    return value.max -20;
3. }
```

其中，value 是一个包含 min 和 max 的对象，分别表示数据的最大值和最小值，这个函数应该返回坐标轴的最大值。

⑩yAxis.splitNumber：number 类型［default：5］，坐标轴的分隔段数。要注意，这个分隔段数只是个预估值，实际显示的段数会在此基础上根据分隔后坐标轴刻度显示的易读程度做调整。在类目轴中无效。

⑪yAxis.interval：number 类型，强制设置坐标轴分隔间隔。

因为 splitNumber 是预估值，实际根据策略计算出来的刻度可能无法达到想要的效果，这时可以使用 interval 配合 min、max 强制设定刻度划分，但一般不建议使用。

其无法在类目轴中使用。在时间轴（type：'time'）中需要传时间戳，在对数轴（type：'log'）中需要传指数值。

⑫yAxis.axisLine：Object 类型，坐标轴轴线相关设置，在开发过程中经常会使用到的具体配置项有 show、lineStyle 等。

⑬yAxis.axisTick：Object 类型，坐标轴刻度相关设置，在开发过程中经常会使用到的

具体配置项有 show、interval、length、lineStyle 等。

⑭yAxis.axisLabel：Object 类型，坐标轴刻度标签的相关设置，在开发过程中经常会使用到的具体配置项有 show、interval、inside、rotate、formatter、color、fontSize 等。

⑮yAxis.splitLine：Object 类型，坐标轴在 grid 区域中的分隔线，在开发过程中经常会使用到的具体配置项有 show、interval、lineStyle 等。

⑯yAxis.data[i]：Object 类型，类目数据，在类目轴（type：'category'）中有效。

如果没有设置 type，但设置了 axis.data，则认为 type 是'category'。

如果设置了 type 是'category'，但没有设置 axis.data，则 axis.data 的内容会自动从 series.data 中获取，这样操作起来比较方便。但需注意的是，axis.data 指明的是'category'轴的取值范围。如果不指定而是从 series.data 中获取，那么只能获取到 series.data 中出现的值。比如说，假如 series.data 为空，就什么也获取不到。

例：

```
1. //所有类目名称列表
2. data:['周一','周二','周三','周四','周五','周六','周日']
3. //每一项也可以是具体的配置项,此时取配置项中的'value'为类目名
4. data:[{
5. value:'周一',
6. //突出周一
7. textStyle:{
8. fontSize:20,
9. color:'red'
10. }
11. },'周二','周三','周四','周五','周六','周日']
```

⑰yAxis.axisPointer：Object 类型，为坐标指示配置项。该配置项的具体含义是，当设置其配置项 show 为 true 时，鼠标放在图表的内容上，坐标轴会显示相应的值，类似于标注线的形状。其中还会有其他详细配置项，如 type、label、lineStyle、value 等。

3. 系列项设置

每个系列通过 type 决定自己的图表类型。其中主要会用到的 type 的类型有：line（折线图）、bar（柱状图/条形图）、pie（饼状图）、scatter（散点（气泡）图）、effectScatter（带有涟漪特效动画的散点（气泡）图）、radar（雷达图）、tree（树图）、sunburst（旭日图）、heatmap（热力图）、map（地图）、lines（线图）、gauge（仪表盘）等。

下面对 line 类型图表进行讲解，其他类型图表根据各自类型有各自相对的配置项。

type：'line'，折线图是利用折线将各个数据点标志连接起来的图表。多用于展现数据的变化趋势。可用于直角坐标系和极坐标系上。设置 areaStyle 后，可以绘制面积图。配合分段型 visualMap 组件可以将折线/面积图通过不同颜色分区间。

series.name：string 类型，系列名称，用于 tooltip 的显示、legend 的图例筛选，在 setOption 更新数据和配置项时，用于指定对应的系列。

series. symbol：string，Function［default：'emptyCircle'］，标记图形。ECharts 提供的标记类型包括'circle''rect''roundRect''triangle''diamond''pin''arrow''none'。可通过"image：∥url"设置为图片，其中，URL 为图片的链接，或者 dataURI。可以通过"path：∥"将图标设置为任意矢量路径。这种方式相比于使用图片的方式，不用担心因为缩放而产生锯齿或模糊，而且可将其设置为任意颜色。路径图形会自适应调整为合适的大小。路径的格式参见 SVG PathData。可以从 Adobe Illustrator 等工具编辑导出。

series. symbolSize：number，Array，Function［default：4］，标记的大小，可以设置成诸如 10 这样单一的数字，也可以用数组分开，表示宽和高。例如，［20,10］表示标记宽为 20、高为 10。假设需要每个数据的图形大小不一样，可以设置为如下格式的回调函数：(value：Array|number，params：Object)=>number|Array。其中，第一个参数 value 为 data 中的数据值；第二个参数 params 是其他的数据项参数。

series. itemStyle：Object 类型，折线拐点标志的样式。开发过程中经常会使用到的详细配置项有 color、borderColor、borderWidth 等。

series：lineStyle：Object 类型，线条样式。需要提醒的是，修改 lineStyle 中的颜色不会影响图例颜色，假设需要图例颜色和折线图颜色一致，需修改 itemStyle.color，线条颜色默认也会取该颜色。开发过程中经常会使用到的详细配置项有 color、width 等。

series.areaStyle：Object 类型，区域填充样式。开发过程中经常会使用到的详细配置项有 color、opacity 等。

series.emphasis：Object 类型，图形的高亮样式，其子类对象有 label、itemStyle，分别为标签配置和样式配置。

series.data：Object 类型，系列中的数据内容数组。数组项通常为具体的数据项。假设系列没有指定 data，并且 option 有 dataset，那么默认使用第一个 dataset。假设指定了 data，则不会再使用 dataset。当其数据不存在时（不存在不代表值为 0），可以用 -、null、undefined、NaN 表示。

series.markPoint：Object 类型，图表标注。开发过程中经常会使用到的详细配置项有 symbol、symbolSize、symbolRotate、label、itemStyle、emphasis、data 等。

series.markLine：*，图表标线。开发过程中经常会使用到的详细配置项有 symbol、symbolSize、label、lineStyle、emphasis、data 等。

series.tooltip：*，本系列特定的 tooltip 设定。开发过程中经常会使用到的详细配置项有 position、formatter、backgroundColor、borderColor、borderWidth、textStyle 等。

任务 3.3　综合演示

通过对任务 3.2 简单配置的整合，实现如图 3-2 所示的综合图形。

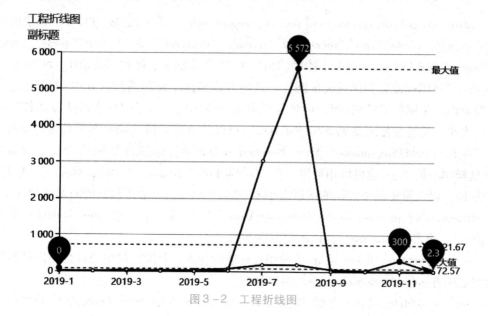

图 3-2 工程折线图

1. `<!DOCTYPE html>`
2. `<html style="height:100%">`
3. `<head>`
4. `<meta charset="utf-8">`
5. `</head>`
6. `<body style="height:100%;margin:0">`
7. `<div id="progress"style="height:400px;width:600px"></div>`
8. `<script type="text/javascript"src="http://echarts.baidu.com/gallery/vendors/echarts/echarts.min.js"></script>`
9. `<script type="text/javascript">`
10. `function getChartsLine(){`
11. `var myChart = echarts.init(document.getElementById('progress'),'macarons');`
12.
13. `var option={`
14. `title:{`
15. `text:'工程折线图',` //主标题
16. `textStyle:{`
17. `color:'#0DB9F2',` //颜色
18. `fontStyle:'normal',` //风格
19. `fontWeight:'normal',` //粗细
20. `fontFamily:'Microsoft yahei',` //字体
21. `fontSize:14,` //大小

```
22.    align:'center'  //水平对齐
23.   },
24.   subtext:'副标题', //副标题
25.   subtextStyle:{ //对应样式
26.    color:'#F27CDE',
27.    fontSize:14
28.   },
29.   itemGap:7
30.  },
31.  grid:{ //显示数据的图表位于当前canvas的坐标轴
32.   x:50,
33.   y:55,
34.   x2:50,
35.   y2:60,
36.   borderWidth:1
37.  },
38.  tooltip:{
39.   trigger:'axis'
40.  },
41.  legend:{
42.   data:["计划完成","实际完成"]
43.  },
44.  toolbox:{
45.   show:true,
46.   feature:{
47.    saveAsImage:{}
48.   }
49.  },
50.  xAxis: {
51.   type:'category',
52.   boundaryGap:false,
53.   data:["2020-1","2020-2","2020-3","2020-4","2020-5","
         2020-6","2020-7","2020-8","2020-9","2020-10","2020-
         11","2020-12"]
54.  },
55.  yAxis:{
56.   type:'value',
```

```
57. //默认以千分位显示,不想用的可以在这儿加一段
58. axisLabel:{  //调整左侧 Y 轴刻度,直接按对应数据显示
59. show:true,
60. showMinLabel:true,
61. showMaxLabel:true,
62. formatter:function(value){
63. return value;
64. }
65. }
66. },
67. series:[
68. {
69. name:"计划",
70. type:'line',
71. data:[2.6,5.9,9.0,26.4,28.7,70.7,175.6,182.2,48.7,18.8,
       300,2.3],
72. markPoint:{
73. data:[
74. {type:'max',name:'最大值'},
75. {type:'min',name:'最小值'}
76. ]
77. },
78. markLine:{
79. data:[
80. {type:'average',name:'平均值'},
81. [{
82. symbol:'none',
83. x:'90%',
84. yAxis:'max'
85. },{
86. symbol:'circle',
87. label:{
88. normal:{
89. position:'start',
90. formatter:'最大值'
91. }
92. },
93. type:'max',
```

```
94.      name:'最高点'
95.     }]
96.    ]
97.   }
98.  },
99.  {
100.   name:"实际",
101.   type:'line',
102.   data:[0,0,37,0,0,15,3036,5572,0,0,0,0],
103.   markPoint:{
104.    data:[
105.     {type:'max',name:'最大值'},
106.     {type:'min',name:'最小值'}
107.    ]
108.   },
109.   markLine:{
110.    data:[
111.     {type:'average',name:'平均值'},
112.     [{
113.      symbol:'none',
114.      x:'90%',
115.      yAxis:'max'
116.     },{
117.      symbol:'circle',
118.      label:{
119.       normal:{
120.        position:'start',
121.        formatter:'最大值'
122.       }
123.      },
124.      type:'max',
125.      name:'最高点'
126.     }]
127.    ]
128.   }
129.  }
130. ]
```

```
131. };
132. myChart.setOption(option);
133. }
134. getChartsLine();
135. </script>
136. </body>
137. </html>
```

下面具体介绍绘制各种图表的方法,每种图表只给出必需的配置代码,完整的页面代码参见前面的示例。

1. 绘制折线图

基本折线图如图3-3所示。

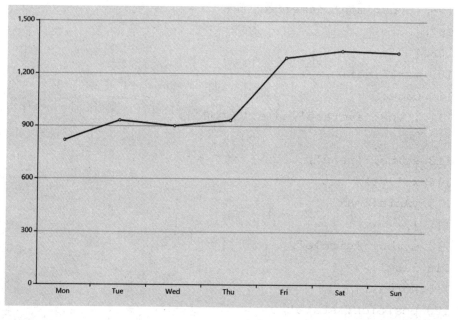

图3-3 折线图

```
1. option={
2. xAxis:{
3. type:'category',
4. data:['Mon','Tue','Wed','Thu','Fri','Sat','Sun']
5. },
6. yAxis:{
7. type:'value'
8. },
```

```
9. series:[{
10. data:[820,932,901,934,1290,1330,1320],
11. type:'line'
12. }]
13. };
```

平滑折线图如图3-4所示。

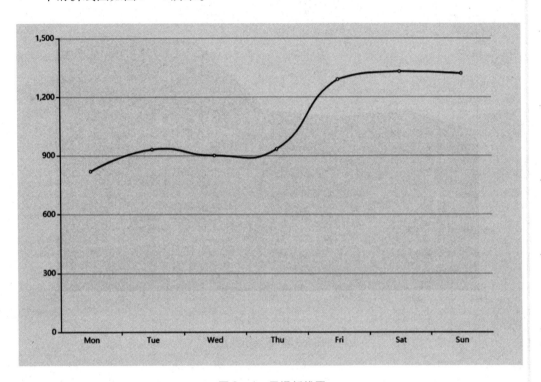

图3-4 平滑折线图

```
1. option={
2. xAxis:{
3. type:'category',
4. data:['Mon','Tue','Wed','Thu','Fri','Sat','Sun']
5. },
6. yAxis:{
7. type:'value'
8. },
9. series:[{
10. data:[820,932,901,934,1290,1330,1320],
11. type:'line',
```

```
12.smooth:true
13.}]
14.};
```

区域折线图如图 3-5 所示。

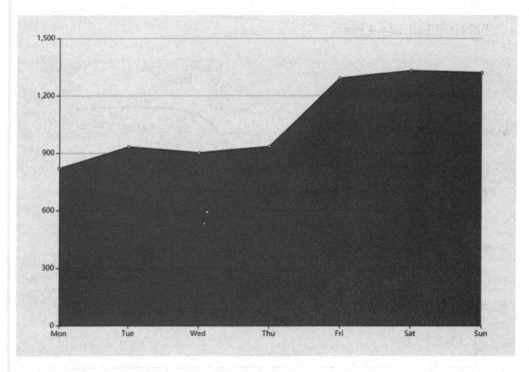

图 3-5 区域折线图

```
1.option={
2.xAxis:{
3.type:'category',
4.boundaryGap:false,
5.data:['Mon','Tue','Wed','Thu','Fri','Sat','Sun']
6.},
7.yAxis:{
8.type:'value'
9.},
10.series:[{
11.data:[820,932,901,934,1290,1330,1320],
12.type:'line',
```

```
13.areaStyle:{}
14.}]
15.};
```

2. 绘制柱状图

柱状图:利用柱子的高度来反映数据的差异。眼睛对高度差异很敏感,因此辨识效果非常好。但局限在于其只适用于中小规模的数据集,如图3-6所示。

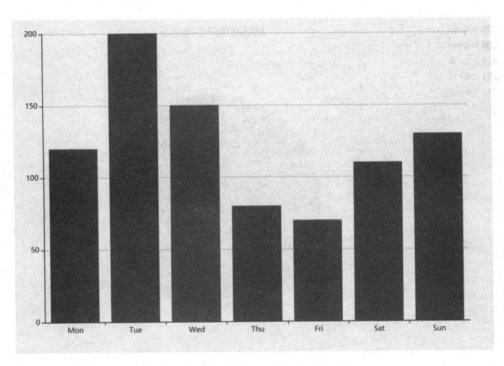

图3-6 柱状图

通常,柱状图的X轴是时间维度,用户习惯性地认为存在时间趋势。如果遇到X轴不是时间维度的情况,则建议用颜色区分柱子,改变用户对时间趋势的关注。

```
1.option={
2.xAxis:{
3.type:'category',
4.data:['Mon','Tue','Wed','Thu','Fri','Sat','Sun']
5.},
6.yAxis:{
7.type:'value'
8.},
9.series:[{
10.data:[120,200,150,80,70,110,130],
```

```
11.type:'bar'
12.}]
```

3. 绘制饼状图

通常情况下,应尽量避免使用饼状图,因为眼睛对面积大小不敏感。

多数情况下,会选择用柱状图替代饼状图。但有一个例外,就是反映某个部分占整体的比重,比如贫困人口占总人口的百分比,如图3-7所示。

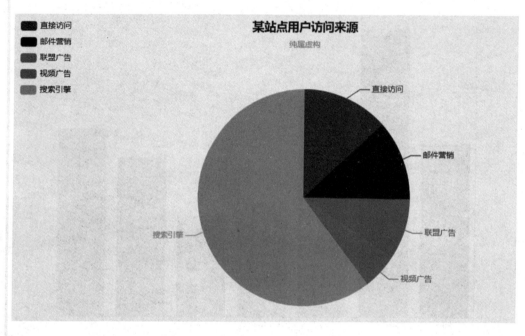

图3-7 饼状图

```
1.option={
2.title:{
3.text:'某站点用户访问来源',
4.subtext:'纯属虚构',
5.x:'center'
6.},
7.tooltip:{
8.trigger:'item',
9.formatter:"{a}<br/>{b}:{c}({d}%)"
10.},
11.legend:{
12.orient:'vertical',
13.left:'left',
```

```
14.    data:['直接访问','邮件营销','联盟广告','视频广告','搜索引擎']
15. },
16. series:[
17. {
18.    name:'访问来源',
19.    type:'pie',
20.    radius:'55%',
21.    center:['50%','60%'],
22.    data:[
23.        {value:335,name:'直接访问'},
24.        {value:310,name:'邮件营销'},
25.        {value:234,name:'联盟广告'},
26.        {value:135,name:'视频广告'},
27.        {value:1548,name:'搜索引擎'}
28.    ],
29.    itemStyle:{
30.        emphasis:{
31.            shadowBlur:10,
32.            shadowOffsetX:0,
33.            shadowColor:'rgba(0,0,0,0.5)'
34.        }
35.    }
36. }
37. ]
```

4. 绘制散点图

散点图：在回归分析中，数据点在直角坐标系平面上的分布图。散点图表示因变量随自变量而变化的大致趋势，由此可以选择合适的函数对数据点进行拟合，如图3-8所示。

用两组数据构成多个坐标点，观察坐标点的分布，判断两个变量之间是否存在某种关联或总结坐标点的分布模式。散点图通常用于比较跨类别的聚合数据。

```
1. option={
2.    xAxis:{},
3.    yAxis:{},
4.    series:[{
5.        symbolSize:20,
6.        data:[
```

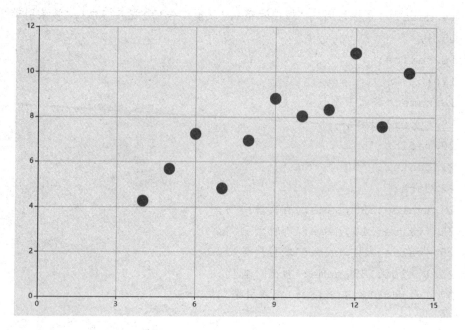

图 3-8 散点图

```
7.    [10.0,8.04],
8.    [8.0,6.95],
9.    [13.0,7.58],
10.   [9.0,8.81],
11.   [11.0,8.33],
12.   [14.0,9.96],
13.   [6.0,7.24],
14.   [4.0,4.26],
15.   [12.0,10.84],
16.   [7.0,4.82],
17.   [5.0,5.68]
18.  ],
19.  type:'scatter'
20. }
21. };
```

5. 绘制雷达图

雷达图适用于多维数据(四维以上),且每个维度须可排序(国籍不可以排序)。然而,它有一个局限,就是数据点最多6个,否则无法辨别,因此适用场合有限,如图3-9所示。

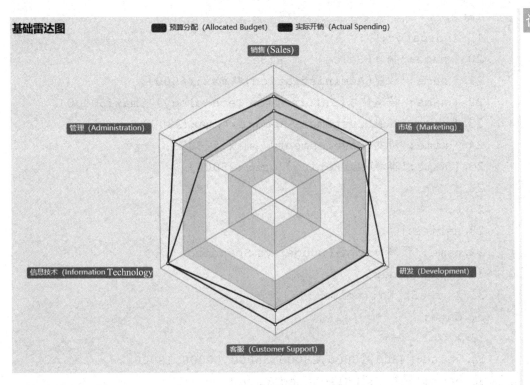

图 3-9 雷达图

```
1. option={
2. title:{
3. text:'基础雷达图'
4. },
5. tooltip:{},
6. legend:{
7. data:['预算分配(Allocated Budget)','实际开销(Actual Spending)']
8. },
9. radar:{
10. //shape:'circle',
11. name:{
12. textStyle:{
13. color:'#fff',
14. backgroundColor:'#999',
15. borderRadius:3,
16. padding:[3,5]
17. }
```

```
18. },
19. indicator:[
20. { name:'销售(Sales)',max:6500},
21. { name:'管理(Administration)',max:16000},
22. { name:'信息技术(Information Technology)',max:30000},
23. { name:'客服(Customer Support)',max:38000},
24. { name:'研发(Development)',max:52000},
25. { name:'市场(Marketing)',max:25000}
26. ]
27. },
28. series:[{
29. name:'预算 vs 开销(Budget vs Spending)',
30. type:'radar',
31. //areaStyle:{normal:{}},
32. data:[
33. {
34. value:[4300,10000,28000,35000,50000,19000],
35. name:'预算分配(Allocated Budget)'
36. },
37. {
38. value:[5000,14000,28000,31000,42000,21000],
39. name:'实际开销(Actual Spending)'
40. }
41. ]
42. }]
43. };
```

6. 绘制热力图

热力图:以特殊高亮的形式显示热衷的页面区域和访客所在的地理区域的图示。热力图可以显示不可单击区域发生的事情,如图 3-10 所示。

```
1. app.title = '笛卡尔坐标系上的热力图';
3. var hours = ['12a','1a','2a','3a','4a','5a','6a',
4. '7a','8a','9a','10a','11a',
5. '12p','1p','2p','3p','4p','5p',
6. '6p','7p','8p','9p','10p','11p'];
7. var days = ['Saturday','Friday','Thursday',
```

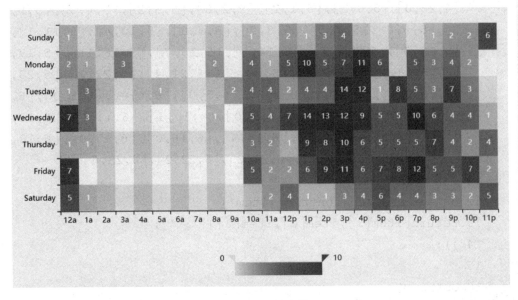

图 3-10 热力图

8. 'Wednesday','Tuesday','Monday','Sunday'];
9.
10. var data =[[0,0,5],[0,1,1],[0,2,0],[0,3,0],[0,4,0],[0,5,0],[0,6,0],[0,7,0],[0,8,0],[0,9,0],[0,10,0],[0,11,2],[0,12,4],[0,13,1],[0,14,1],[0,15,3],[0,16,4],[0,17,6],[0,18,4],[0,19,4],[0,20,3],[0,21,3],[0,22,2],[0,23,5],[1,0,7],[1,1,0],[1,2,0],[1,3,0],[1,4,0],[1,5,0],[1,6,0],[1,7,0],[1,8,0],[1,9,0],[1,10,5],[1,11,2],[1,12,2],[1,13,6],[1,14,9],[1,15,11],[1,16,6],[1,17,7],[1,18,8],[1,19,12],[1,20,5],[1,21,5],[1,22,7],[1,23,2],[2,0,1],[2,1,1],[2,2,0],[2,3,0],[2,4,0],[2,5,0],[2,6,0],[2,7,0],[2,8,0],[2,9,0],[2,10,3],[2,11,2],[2,12,1],[2,13,9],[2,14,8],[2,15,10],[2,16,6],[2,17,5],[2,18,5],[2,19,5],[2,20,7],[2,21,4],[2,22,2],[2,23,4],[3,0,7],[3,1,3],[3,2,0],[3,3,0],[3,4,0],[3,5,0],[3,6,0],[3,7,0],[3,8,1],[3,9,0],[3,10,5],[3,11,4],[3,12,7],[3,13,14],[3,14,13],[3,15,12],[3,16,9],[3,17,5],[3,18,5],[3,19,10],[3,20,6],[3,21,4],[3,22,4],[3,23,1],[4,0,1],[4,1,3],[4,2,0],[4,3,0],[4,4,0],[4,5,1],[4,6,0],[4,7,0],[4,8,0],[4,9,2],[4,10,4],[4,11,4],[4,12,2],[4,13,4],[4,14,4],[4,15,14],[4,16,12],[4,17,1],[4,18,8],[4,19,5],[4,20,3],[4,21,7],[4,22,3],

```
    [4,23,0],[5,0,2],[5,1,1],[5,2,0],[5,3,3],[5,4,0],[5,5,
    0],[5,6,0],[5,7,0],[5,8,2],[5,9,0],[5,10,4],[5,11,1],
    [5,12,5],[5,13,10],[5,14,5],[5,15,7],[5,16,11],[5,17,
    6],[5,18,0],[5,19,5],[5,20,3],[5,21,4],[5,22,2],[5,23,
    0],[6,0,1],[6,1,0],[6,2,0],[6,3,0],[6,4,0],[6,5,0],[6,
    6,0],[6,7,0],[6,8,0],[6,9,0],[6,10,1],[6,11,0],[6,12,
    2],[6,13,1],[6,14,3],[6,15,4],[6,16,0],[6,17,0],[6,18,
    0],[6,19,0],[6,20,1],[6,21,2],[6,22,2],[6,23,6]];
11.
12. data=data.map(function(item){
13.   return[item[1],item[0],item[2]||'-'];
14. });
15.
16. option={
17.   tooltip:{
18.     position:'top'
19.   },
20.   animation:false,
21.   grid:{
22.     height:'50%',
23.     y:'10% '
24.   },
25.   xAxis:{
26.     type:'category',
27.     data:hours,
28.     splitArea:{
29.       show:true
30.     }
31.   },
32.   yAxis:{
33.     type:'category',
34.     data:days,
35.     splitArea:{
36.       show:true
37.     }
38.   },
39.   visualMap:{
```

```
40. min:0,
41. max:10,
42. calculable:true,
43. orient:'horizontal',
44. left:'center',
45. bottom:'15%'
46. },
47. series:[{
48. name:'Punch Card',
49. type:'heatmap',
50. data:data,
51. label:{
52. normal:{
53. show:true
54. }
55. },
56. itemStyle:{
57. emphasis:{
58. shadowBlur:10,
59. shadowColor:'rgba(0,0,0,0.5)'
60. }
61. }
62. }]
63. };
```

通过以上学习，利用 ECharts 完成了任务 3.2 的工作，为使用更多可视化技术对数据进行图形图像展示提供了方便。

综合实训

利用 ECharts 制作一个多柱子柱状图，提取数据信息，完成实现源码，同时实现图标，完成展示。

项目四
Bootstrap 框架

【项目描述】

由于移动设备的普及,用户对使用设备进行网站的浏览需求日益提升,市场需求也随之加大,如何让用户通过移动设备浏览网站的同时获得良好的视觉效果,成为急需解决的问题。通过 Bootstrap 框架来完成设计,实现台式机、平板电脑和手机都能流畅地对 Web 页面进行浏览,是本项目要了解的知识点。

【项目分析】

本项目通过学习 Bootstrap 框架,实现在终端设备上浏览网站的同时实现良好的视觉效果体现,给人们带来更舒适的既视感。

任务4.1 认识 Bootstrap

Bootstrap 是美国 Twitter 公司设计开发的。设计师 Mark Otto 和 Jacob Thornton 合作开发基于 HTML、CSS、JavaScript 的简洁、直观、强悍的前端开发框架,使 Web 开发更加快捷。

①Bootstrap 提供了一个带有网格系统、链接样式、背景的基本结构。

②Bootstrap 自带全局的 CSS 设置、基本的 HTML 元素样式、可扩展的 class,是一个先进的网格系统。

③Bootstrap 包含了十几个可重用的组件,用于创建图像、下拉菜单、导航、警告框、弹出框等。

④Bootstrap 包含了十几个自定义的 jQuery 插件。

Bootstrap 框架目前使用较广的版本是 Bootstrap 2、Bootstrap 3 和 Bootstrap 4,其中 Bootstrap 2 的最新版本是 Bootstrap 2.3.2,Bootstrap 3 的最新版本是 Bootstrap 3.3.7,Bootstrap 4 的最新版本是 Bootstrap 4.3.0。在 2018 年 1 月下旬,Bootstrap 团队发布了 Bootstrap 4 正式版。本项目中使用 Bootstrap 3.3.7。

项目四　Bootstrap 框架

任务 4.2　安装 Bootstrap

下载 Bootstrap 3.3.7 版本，网址为 https://v3.bootcss.com/getting-started/#download，如图 4-1 所示。

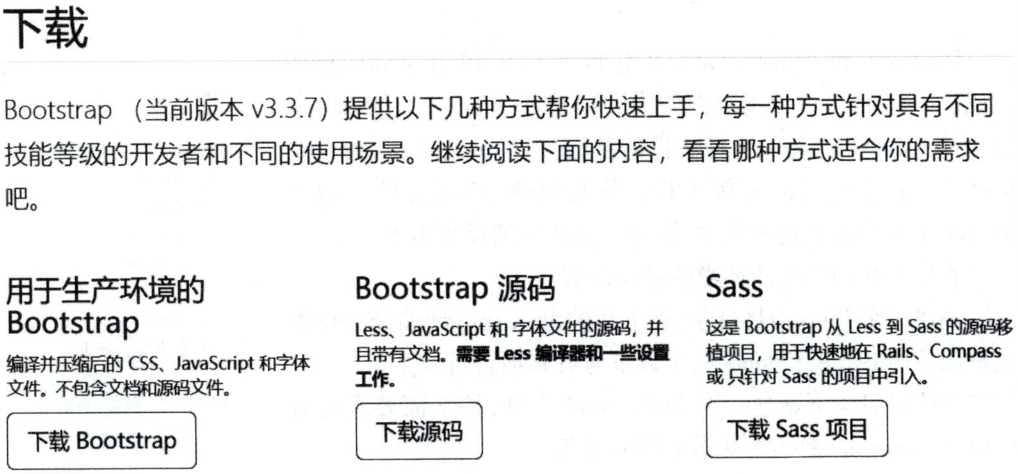

下载

Bootstrap（当前版本 v3.3.7）提供以下几种方式帮你快速上手，每一种方式针对具有不同技能等级的开发者和不同的使用场景。继续阅读下面的内容，看看哪种方式适合你的需求吧。

用于生产环境的 Bootstrap
编译并压缩后的 CSS、JavaScript 和字体文件。不包含文档和源码文件。

下载 Bootstrap

Bootstrap 源码
Less、JavaScript 和字体文件的源码，并且带有文档。**需要 Less 编译器和一些设置工作。**

下载源码

Sass
这是 Bootstrap 从 Less 到 Sass 的源码移植项目，用于快速地在 Rails、Compass 或只针对 Sass 的项目中引入。

下载 Sass 项目

图 4-1　下载 Bootstrap 3.3.7 版本

Bootstrap 提供了两种形式的压缩包：

①用于生产环境的预编译版是编译并压缩后的 CSS、JavaScript 和字体文件。不包含文档和源码文件。可直接用于生产环境。下载并解压得到的目录结构如图 4-2 所示。

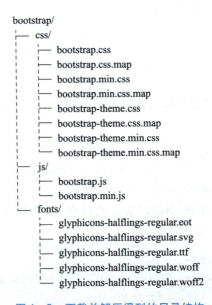

图 4-2　下载并解压得到的目录结构

课堂笔记

47

Bootstrap 框架提供了编译完整的 CSS 和 JS(bootstrap.*)文件,还有经过压缩的 CSS 和 JS(bootstrap.min.*)文件。同时,还提供了 CSS 源码映射表(bootstrap.*.map),能够在一些浏览器的开发工具中使用。另外,还包含了来自 Glyphicons 的图标字体,在附带的 Bootstrap 主题中使用了这些图标。

②另一种压缩包的形式是 Bootstrap 源码,它包含了预先编译的 CSS、JavaScript 和图标字体文件,并且还有 LESS、JavaScript 和文档的源码。解压后的目录结构如图 4 – 3 所示。

less/、js/ 和 fonts/ 目录分别包含了 CSS、JS 和字体图标的源码。dist/ 目录包含了上面所说的预编译 Bootstrap 包内的所有文件。docs/ 包含了所有文档的源码文件,examples/ 目录是 Bootstrap 官方提供的实例工程。除此以外,其他文件还包含 Bootstrap 安装包的定义文件、许可证文件和编译脚本等。

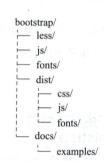

图 4 – 3 解压后的目录结构

直接下载用于生产环境的预编译版。

创建一个 Web 项目目录,将下载的 Bootstrap 预编译版压缩包解压后的 css、js 和 fonts 三个目录拷贝到项目目录下。

在项目目录下新建一个 index.html 文件,按下面要求配置成使用 Bootstrap 框架的基本 HTML 模板:

● Bootstrap 需要使用标准的 HTML5 文档结构:

```
1. <!DOCTYPE html>
2. <html lang = "en">
3. <head>
4. <meta charset = "UTF-8">
5. <title>Document</title>
6. </head>
7. <body>
8.
9. </body>
10. </html>
```

● Bootstrap 是以项目二中介绍的 jQuery 为基础,在模板的 body 底部中也要引入对应的 jQuery:

```
1. <!--jQuery(necessary for Bootstrap's JavaScript plugins) -->
2. <script src = "https://cdn.bootcss.com/jquery/1.12.4/jquery.min.js"></script>
```

● 在文档中需要加入对 IE 浏览器版本的检查,如果是 IE9 以下的浏览器,需要在 head 部分引入其他两个 JS 文件以兼容:

```
1. <!--[if lt IE 9]>
2. <script src = "https://cdn.bootcss.com/html5shiv/3.7.3/html5shiv.min.js"></script>
```

3. <script src="https://cdn.bootcss.com/respond.js/1.4.2/respond.min.js"></script>
4. <![endif]-->

- bootstrap.min.css 是全局的样式表文件,将它添加到文档的 head 部分:

1. <!--Bootstrap-->
2. <link href="css/bootstrap.min.css" rel="stylesheet">

- bootstrap.min.js 是脚本文件,也将它添加到文档的 body 底部:

1. <script src="js/bootstrap.min.js"></script>

下面是完整的 index.html 文档源码:

12. <!DOCTYPE html>
13. <html lang="zh-CN">
14. <head>
15. <meta charset="utf-8">
16. <meta http-equiv="X-UA-Compatible" content="IE=edge">
17. <meta name="viewport" content="width=device-width,initial-scale=1">
18. <!--上述3个meta标签必须放在最前面,任何其他内容都必须跟随其后!-->
19. <title>Bootstrap 101 Template</title>
20.
21. <!--Bootstrap-->
22. <link href="css/bootstrap.min.css" rel="stylesheet">
23.
24. <!--HTML5 shim and Respond.js for IE8 support of HTML5 elements and media queries-->
25. <!--WARNING:Respond.js doesn't work if you view the page via file://-->
26. <!--[if lt IE 9]>
27. <script src="https://cdn.bootcss.com/html5shiv/3.7.3/html5shiv.min.js"></script>
28. <script src="https://cdn.bootcss.com/respond.js/1.4.2/respond.min.js"></script>
29. <![endif]-->
30. </head>
31. <body>
32. <h1>你好,世界!</h1>
33.
34. <!--jQuery(necessary for Bootstrap's JavaScript plugins)-->

35. \<script src = " https://cdn.bootcss.com/jquery/1.12.4/jquery.min.js"\>\</script\>
36. \<!-- Include all compiled plugins(below),or include individual files as needed --\>
37. \<script src = "js/bootstrap.min.js"\>\</script\>
38. \</body\>
39. \</html\>

任务 4.3　Bootstrap 应用

1. 全局样式表

设置全局 CSS 样式;基本的 HTML 元素都可以通过 class 设置样式并得到增强效果;同时,还有先进的栅格系统。

Bootstrap 使用到的某些 HTML 元素和 CSS 属性需要将页面设置为 HTML5 文档类型,则项目中的每个页面都需要参照下面的格式进行设置。

1. \<!DOCTYPE html\>
2. \<html lang = "en"\>
3. \<head\>
4. \<meta charset = "UTF-8"\>
5. \<title\>Document\</title\>
6. \</head\>
7. \<body\>
8.
9. \</body\>
10. \</html\>

Bootstrap 排版、链接样式设置了基本的全局样式。分别是:

- 为 body 元素设置 background-color:#fff。
- 使用 @font-family-base、@font-size-base 和 @line-height-base 变量作为排版的基本参数。
- 为所有链接设置基本颜色 @link-color,并且当链接处于:hover 状态时才添加下划线。

这些样式都可以在 scaffolding.less 文件中找到对应的源码。

Bootstrap 需要为页面内容和栅格系统包裹一个 .container 容器。我们提供了两个做此用处的类,但是由于 padding 等属性的原因,这两种容器类不能互相嵌套。

.container 类用作固定宽度并支持响应式布局的容器。

1. \<div class = "container"\>
2. ...
3. \</div\>

.container-fluid 类用作 100% 宽度,占据全部视口(viewport)的容器。

```
1. <div class = "container - fluid">
2. ...
3. </div>
```

2. 栅格系统

栅格由一系列内容相关的垂直的或者水平的相交直线所组成,通常是二维的。通常使用于打印设计中的设计布局和内容结构中。在网页设计中,栅格用于快速创建一致的布局和有效地使用 HTML 及 CSS 的方法。

Bootstrap 提供了一套响应式、移动设备优先的流式栅格系统,随着屏幕或视口(viewport)尺寸的增加,系统会自动分出 12 列,如图 4-4 所示。

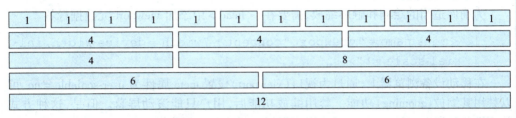

图 4-4 栅格

栅格系统通过一系列包含内容的行和列来创建页面布局。

Bootstrap 栅格系统的工作内容如下:

• 行必须放置在 .container class 内,以便获得适当的对齐(alignment)和内边距(padding)。

• 使用行来创建列的水平组。

• 内容放置在列内,并且只有列可以是行的直接子元素。

• 预定义的网格类,比如 .row 和 .col-xs-4,可用于快速创建栅格布局。

• 列通过内边距(padding)创建列内容之间的间隙。该内边距通过 .rows 上的外边距(margin)取负,表示第一列和最后一列的行偏移。

• 栅格系统是通过指定想要横跨的 12 个可用的列来创建的。例如,要创建 3 个相等的列,则使用 3 个 .col-xs-4。

Bootstrap 网格的基本结构:

```
1. <div class = "container">
2. <div class = "row">
3. <div class = "col - * - *"></div>
4. <div class = "col - * - *"></div>
5. </div>
6. <div class = "row">...</div>
7. </div>
8. <div class = "container">...
```

3. 响应式网页设计

页面的设计与开发应当根据用户行为及设备环境(系统平台、屏幕尺寸、屏幕定向等)进行相应的响应和调整,这是目前响应式网站设计的理念。实践方式由多维度组成,其中包括弹性网格和布局、图片、CSS 介质传输的使用等。无论用户使用的是笔记本还是 iPad,页面都应该能够自动切换分辨率、图片尺寸及相关脚本功能等,从而适应不同设备。响应式网页设计即使一个网站能兼容多个终端,而不需要为每个终端设计一个特定的版本。这样就不需要为不断增加的新设备做专门的版本设计和开发。

在 Bootstrap 2 中,对框架中的关键部分增加了对移动设备友好的样式。而 Bootstrap 3 中,重写了整个框架,使其对移动设备的友好从一开始就有了。这次不是简单地增加一些可选的针对移动设备的样式,而是直接融合进了框架的内核中。所以说,Bootstrap 是移动设备优先的。针对移动设备的样式,将其整合进了框架的每个角落,而不是增加一个额外的文件。

为确保适当的绘制和触屏缩放,需要在 <head> 中添加 viewport 元数据标签。

```
1. <meta name = "viewport" content = "width = device-width, initial-scale =1">
```

在移动设备浏览器上,通过为视口(viewport)设置 meta 属性为 user-scalable = no,可以禁用其缩放(zooming)功能。禁用缩放功能后,用户只能滚动屏幕。但是,这种方式并不推荐到所有网站使用,还需要用户根据实际情况进行选择。

```
1. <meta name = "viewport" content = "width = device-width, initial-scale =1, maximum-scale =1, user-scalable = no">
```

Bootstrap 中的媒体查询允许用户基于视口大小移动、显示和隐藏内容。

媒体查询是非常别致的"有条件的 CSS 规则"。它仅适用于基于某些规定条件的 CSS。如果满足这些条件,则选取相应的样式。

下面的媒体查询在 LESS 文件中使用,用来创建 Bootstrap 网格系统中的关键的分界点阈值。

```
1. /* 超小设备(手机,小于 768 px) */
2. /* Bootstrap 中默认情况下没有媒体查询 */
3.
4. /* 小型设备(平板电脑,768 px 起) */
5. @media (min-width: @screen-sm-min) { ... }
6.
7. /* 中型设备(台式电脑,992 px 起) */
8. @media (min-width: @screen-md-min) { ... }
9.
10. /* 大型设备(大台式电脑,1 200 px 起) */
@media (min-width: @screen-lg-min) { ... }
```

表 4-1 总结了 Bootstrap 栅格系统如何跨多个设备进行工作。

表4-1　Bootstrap 栅格系统跨多个设备工作

项目	超小设备手机 （<768 px）	小型设备平板电脑 （≥768 px）	中型设备台式电脑 （≥992 px）	大型设备台式电脑 （≥1 200 px）
网格行为	一直是水平的	以折叠开始，断点以上是水平的	以折叠开始，断点以上是水平的	以折叠开始，断点以上是水平的
最大容器宽度/px	None(auto)	750	970	1 170
Class 前缀	.col-xs-	.col-sm-	.col-md-	.col-lg-
列数量和	12	12	12	12
最大列宽/px	Auto	60	78	95
间隙宽度/px	30（一个列的每边分别为15）	30（一个列的每边分别为15）	30（一个列的每边分别为15）	30（一个列的每边分别为15）
可嵌套	Yes	Yes	Yes	Yes
偏移量	Yes	Yes	Yes	Yes
列排序	Yes	Yes	Yes	Yes

Bootstrap 提供了部分辅助类，以方便更快地实现对移动设备友好的开发。可以通过媒体查询与大型、中型和小型设备的结合，实现内容对设备的显示和隐藏，见表4-2。

表4-2　媒体设备的显示和隐藏

媒体信息	超小屏幕 手机（<768 px）	小屏幕 平板（≥768 px）	中等屏幕 桌面（≥992 px）	大屏幕 桌面（≥1 200 px）
.visible-xs-*	可见	隐藏	隐藏	隐藏
.visible-sm-*	隐藏	可见	隐藏	隐藏
.visible-md-*	隐藏	隐藏	可见	隐藏
.visible-lg-*	隐藏	隐藏	隐藏	可见
.hidden-xs	隐藏	可见	可见	可见
.hidden-sm	可见	隐藏	可见	可见
.hidden-md	可见	可见	隐藏	可见
.hidden-lg	可见	可见	可见	隐藏

需谨慎使用这些工具，否则，会在同一个站点创建完全不同的版本。响应式实用工具目前只适用于块和表的切换。

4. Bootstrap 排版

（1）页面主体

Bootstrap 将全局 font-size 设置为 14 px，line-height 设置为 1.428。这些属性直接赋给 <body> 元素和所有段落元素。<p>（段落）元素还被设置了等于 1/2 行高（即 10 px

的底部外边距(margin)。

(2) 中心内容

添加.lead类可以让段落突出显示。

```
1. <p class = "lead">...</p>
```

(3) 内联文本元素

• 高亮文本

对需要高亮显示的文本使用 <mark> 标签。

```
1. You can use the mark tag to <mark>highlight</mark> text.
```

• 要被删除的文本

对要被删除的文本使用 <del> 标签。

```
1. <del>This line of text is meant to be treated as deleted text.</del>
```

• 无用文本

对无用的文本使用 <s> 标签。

```
1. <s>This line of text is meant to be treated as no longer accurate.</s>
```

• 插入文本

对需要额外插入的文本使用 <ins> 标签。

```
1. <ins>This line of text is meant to be treated as an addition to the document.</ins>
```

• 带下划线的文本

为文本添加下划线,使用 <u> 标签。

```
1. <u>This line of text will render as underlined</u>
```

利用HTML自带的表示强调含义的标签来为文本增添适当样式。

• 小号文本

对于不需要强调的inline或block类型的文本,使用 <small> 标签包裹,其内的文本将被设置为父容器字体大小的85%。标题元素中嵌套的 <small> 元素被设置不同的font-size。

同时,还可以为行内元素赋予.small类,以代替任何 <small> 元素。

```
1. <small>This line of text is meant to be treated as fine print.</small>
```

• 着重

通过增加font-weight值强调一段文本。

```
1. <strong>rendered as bold text</strong>
```

- 斜体

用斜体强调一段文本。

```
1. <em>rendered as italicized text</em>
```

- 对齐

通过文本对齐的方式,将文字重新对齐。

例如,输出以下文本格式:

Left aligned text.

Center aligned text.

Right aligned text.

Justified text.

No wrap text.

代码如下:

```
1. <p class="text-left">Left aligned text.</p>
2. <p class="text-center">Center aligned text.</p>
3. <p class="text-right">Right aligned text.</p>
4. <p class="text-justify">Justified text.</p>
5. <p class="text-nowrap">No wrap text.</p>
```

(4)地址

让联系信息以最接近日常使用格式呈现。在每行结尾添加 <br>,可以保留需要的样式。

例如,输出以下文本格式:

Twitter, Inc.

1355 Market Street, Suite 900

San Francisco, CA 94103

P:(123)456-7890

Full Name

first.last@example.com

代码如下:

```
1. <address>
2. <strong>Twitter, Inc.</strong><br>
3. 1355 Market Street, Suite 900 <br>
4. San Francisco, CA 94103 <br>
5. <abbr title="Phone">P:</abbr> (123)456-7890
6. </address>
7.
```

```
 8. <address>
 9. <strong>Full Name</strong><br>
10. <a href="mailto:#">first.last@example.com</a>
11. </address>
```

(5) 引用

在文档中引用其他来源的内容。

- 默认样式的引用

将任意 HTML 元素包裹在 <blockquote> 中即可表现为引用样式。对于直接引用，建议用 <p> 标签。

```
1. <blockquote>
2.   <p>Lorem ipsum dolor sit amet, consectetur adipiscing
     elit. Integer posuere erat a ante.</p>
3. </blockquote>
```

- 多种引用样式

对标准样式的 <blockquote>，通过几个简单的变体就能改变其风格和内容。

- 命名来源

添加 <footer> 用于标明引用来源。来源的名称可添加进 <cite> 标签中。

例如，输出以下文本：

Lorem ipsum dolor sit amet, consectetur adipiscing elit. Integer posuere erat a ante.
—Someone famous in Source *Title*

代码如下：

```
1. <blockquote>
2.   <p>Lorem ipsum dolor sit amet, consectetur adipiscing
     elit. Integer posuere erat a ante.</p>
3.   <footer>Someone famous in <cite title="Source Title">
     Source Title</cite></footer>
4. </blockquote>
```

- 另一种展示风格

通过赋予 .blockquote-reverse 类，达到让引用呈现内容右对齐的效果。

例如，实现以下文本的排版样式：

Lorem ipsum dolor sit amet, consectetur adipiscing elit. Integer posuere erat a ante.

Someone famous in *Source Title*—

代码如下：

```
1. <blockquote class="blockquote-reverse">
2. ...
3. </blockquote>
```

(6)列表

• 无序列表

对排列顺序无关紧要的一列元素:

1. <ul>
2. <li>...</li>
3. </ul>

• 有序列表

对顺序至关重要的一组元素:

1. <ol>
2. <li>...</li>
3. </ol>

• 无样式列表

删掉了默认的 list-style 样式和左侧外边距的一组元素(只针对直接子元素)。

1. <ul class="list-unstyled">
2. <li>...</li>
3. </ul>

• 内联列表

通过设置 display:inline-block;并添加少量的内补(padding),将所有元素放置于同一行。

1. <ul class="list-inline">
2. <li>... </li>
3. </ul>

(7)图片

• 响应式图片

在 Bootstrap 版本 3 中,通过添加 .img-responsive 类可以让图片支持响应式布局。其实质是为图片设置了 max-width:100%、height:auto 和 display:block 属性,从而让图片在其父元素中更好地缩放。

如果需要让使用了 .img-responsive 类的图片水平居中,就用 .center-block 类,不要用 .text-center 类。

1. <img src="..." class="img-responsive" alt="Responsive image">

• 图片形状

通过为 <img> 元素添加以下相应的类,可以让图片呈现不同形状,如图 4-5 所示。

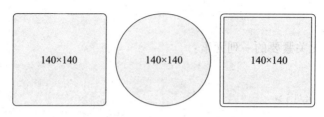

图 4-5　图片呈现不同形状

1. < img src = "..." alt = "..." class = "img - rounded">
2. < img src = "..." alt = "..." class = "img - circle">
3. < img src = "..." alt = "..." class = "img - thumbnail">

5. Bootstrap 组件

（1）下拉菜单

如图 4-6 所示，下拉菜单是用于显示链接列表的可切换、有上下文的菜单。

下拉菜单包含一个触发器和一个菜单，触发器用 button 实现，菜单使用 dropdown - menu 的无序列表 ul，包含多个菜单项。将触发器和菜单元素都放在一个类为 dropdown 的 div 里。

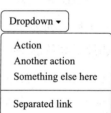

图 4-6　链接列表

1. < div class = "dropdown">
2. </div>

为下拉菜单添加一条分隔线，用于将多个链接分组。

1. < li role = "separator" class = "divider"></li>

详细代码如下：

1. < div class = "dropdown">
2. < button class = "btn btn - default dropdown - toggle" type = "button" id = "dropdownMenu1" data - toggle = "dropdown" aria - haspopup = "true" aria - expanded = "true">
3. Dropdown
4. < span class = "caret"></span>
5. </button>
6. < ul class = "dropdown - menu" aria - labelledby = "dropdownMenu1">
7. <li>< a href = "#">Action </a></li>
8. <li>< a href = "#">Another action </a></li>
9. <li>< a href = "#">Something else here </a></li>

项目四 Bootstrap 框架

10. <li role = "separator"class = "divider"></li>
11. <li><a href = "#">Separated link </a></li>
12. </ul>
13. </div>

（2）按钮组
通过按钮组容器把一组按钮放在同一行里，如图 4-7 所示。

图 4-7　按钮组

14. <div class = "btn-group"role = "group"aria-label = "...">
15. <button type = "button"class = "btn btn-default">Left </button>
16. <button type = "button"class = "btn btn-default">Middle </button>
17. <button type = "button"class = "btn btn-default">Right </button>
18. </div>

（3）导航和导航条
Bootstrap 中的导航组件均依赖同一个 .nav 类，状态类也是共用的。改变修饰类可以改变样式。
•标签页（图 4-8）
.nav-tabs 类依赖于 .nav 基类。

图 4-8　标签页

1. <ul class = "nav nav-tabs">
2. <li role = "presentation"class = "active"><a href = "#">Home </a></li>
3. <li role = "presentation"><a href = "#">Profile </a></li>
4. <li role = "presentation"><a href = "#">Messages </a></li>
5. </ul>

•胶囊式标签页（图 4-9）
HTML 标记相同，但使用 .nav-pills 类。

图 4-9　胶囊式标签页

```
1. <ul class = "nav nav-pills">
2.   <li role = "presentation" class = "active"><a href = "#">Home</a></li>
3.   <li role = "presentation"><a href = "#">Profile</a></li>
4.   <li role = "presentation"><a href = "#">Messages</a></li>
5. </ul>
```

胶囊式标签页也可以沿垂直方向堆叠排列,只需添加 .nav-stacked 类即可,如图 4-10 所示。

图 4-10 沿垂直方向堆叠排列

```
1. <ul class = "nav nav-pills nav-stacked">
2. ...
3. </ul>
```

(4) 面包屑和分页

面包屑导航是一种基于网站层次信息的显示方式。以 QQ 空间为例,面包屑导航可以显示发布日期、类别或标签。它们表示当前页面在导航层次中的位置,如图 4-11 所示。

图 4-11 面包屑导航

Bootstrap 中的面包屑导航是一个简单的带有 .breadcrumb class 的无序列表。分隔符能通过 CSS(bootstrap.min.css)中下面所示的 class 自动被添加。

```
1. <ul class = "breadcrumb">
2.   <li><a href = "#">Home</a></li>
3.   <li><a href = "#">2020</a></li>
4.   <li class = "active">八月</li>
5. </ul>
```

其为应用提供带有展示页码的分页组件,也可以使用简单的翻页组件,如图 4-12 所示。

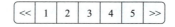

图 4-12 翻页组件

```
1. <nav aria-label="Page navigation">
2. <ul class="pagination">
3. <li>
4. <a href="#"aria-label="Previous">
5. <span aria-hidden="true">&laquo;</span>
6. </a>
7. </li>
8. <li><a href="#">1</a></li>
9. <li><a href="#">2</a></li>
10. <li><a href="#">3</a></li>
11. <li><a href="#">4</a></li>
12. <li><a href="#">5</a></li>
13. <li>
14. <a href="#"aria-label="Next">
15. <span aria-hidden="true">&raquo;</span>
16. </a>
17. </li>
18. </ul>
19. </nav>
```

链接可以定制,可以给不能单击的链接添加.disabled 类、给当前页添加.active 类,如图4-13 所示。

图4-13 添加不同的类

```
1. <nav aria-label="Page navigation">
2. <ul class="pagination">
3. <li class="disabled"><a href="#"aria-label="Previous">
   <span aria-hidden="true">&laquo;</span></a></li>
4. <li class="active"><a href="#">1<span class="sr-only">
   (current)</span></a></li>
5. ...
6. </ul>
7. </nav>
```

(5)标签与徽章

标签主要用于计数、提醒或页面上其他的标记展示,如图4-14 所示。使用 class.label 来显示标签。

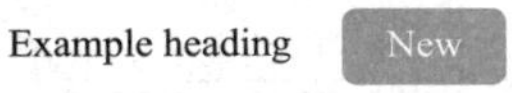

图4-14 标签

1. \<h3 \>Example heading \<span class = "label label-default"\> New \</span \>\</h3 \>

用下面的任何一个类即可改变标签的外观,如图 4-15 所示。

Default　Primary　Success　Info　Warning　Danger

图 4-15　改变标签的外观

1. \<span class = "label label-default"\>Default \</span \>
2. \<span class = "label label-primary"\>Primary \</span \>
3. \<span class = "label label-success"\>Success \</span \>
4. \<span class = "label label-info"\>Info \</span \>
5. \<span class = "label label-warning"\>Warning \</span \>
6. \<span class = "label label-danger"\>Danger \</span \>

徽章给链接、导航等元素嵌套 \<span class = "badge"\>元素,能够很明显地提醒新的或未读的信息条目,如图 4-16 所示。

Inbox 42

Messages 4

图 4-16　嵌套 \<span class = " badge"\>元素

1. \<a href = "#"\>Inbox \<span class = "badge"\>42 \</span \>\</a \>
2.
3. \<button class = "btn btn-primary"type = "button"\>
4. Messages \<span class = "badge"\>4 \</span \>
5. \</button \>

(6)缩略图

大部分的站点都需要在网格中布局图像、视频、文本等,Bootstrap 通过缩略图的方式为其提供了一种简便的方式。

使用 Bootstrap 创建缩略图的步骤如下:在图像周围添加带有 class.thumbnail 的 \<a \>标签。添加了 class.thumbnail 的 \<a \>标签后,会添加四个像素的内边距(padding)和一个灰色边框。当鼠标悬停在图像上时,会动态显示出图像的轮廓,如图 4-17 所示。

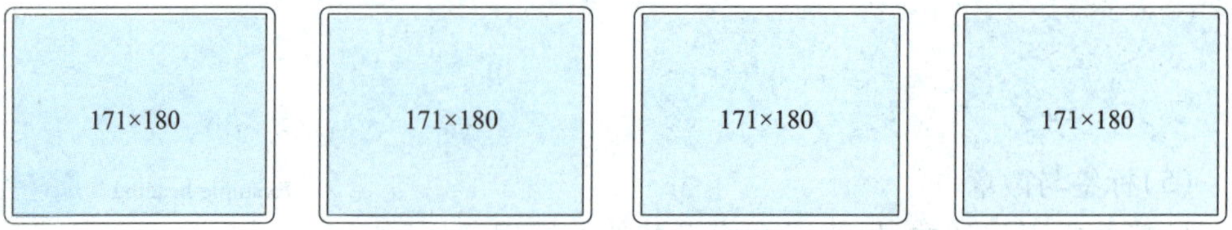

171×180　　171×180　　171×180　　171×180

图 4-17　缩略图

```
1. <div class="row">
2.   <div class="col-xs-6 col-md-3">
3.     <a href="#" class="thumbnail">
4.       <img src="..." alt="...">
5.     </a>
6.   </div>
7.   ...
8. </div>
```

(7) 警告框

警告框通过提供一些灵活的预定义消息,为常见的用户行为提供反馈信息。

将任意文本和一个可选的关闭按钮放在一起,就能组成一个警告框。.alert 类是必须要设置的,同时,还有 4 个特殊意义的类(例如,.alert-success),代表不同的警告信息,如图 4-18 所示。

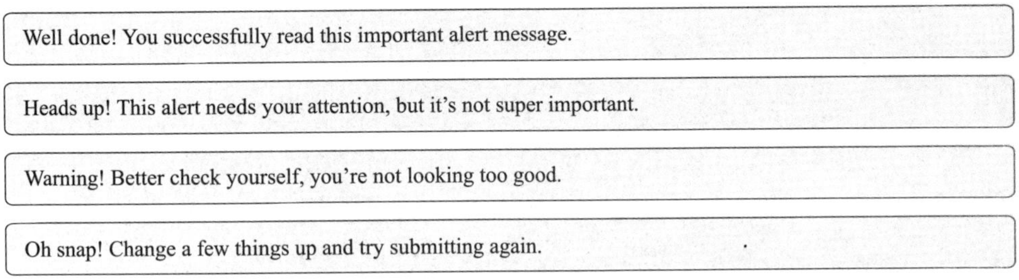

> Well done! You successfully read this important alert message.
>
> Heads up! This alert needs your attention, but it's not super important.
>
> Warning! Better check yourself, you're not looking too good.
>
> Oh snap! Change a few things up and try submitting again.

图 4-18 警告框

```
1. <div class="alert alert-success" role="alert">...</div>
2. <div class="alert alert-info" role="alert">...</div>
3. <div class="alert alert-warning" role="alert">...</div>
4. <div class="alert alert-danger" role="alert">...</div>
```

为警告框添加一个可选的 .alert-dismissible 类和一个关闭按钮 <button type="button" class="close" data-dismiss,如图 4-19 所示。

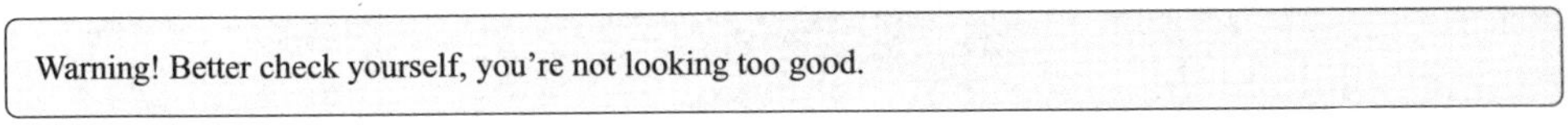

> Warning! Better check yourself, you're not looking too good.

图 4-19 添加类和一个关闭按钮

实现代码如下:

```
1. <div class="alert alert-warning alert-dismissible" role="alert">
2.   <button type="button" class="close" data-dismiss="alert" aria-label="Close"><span aria-hidden="true">&times;</span></button>
```

3. \<strong\>Warning!\</strong\>Better check yourself, you're not looking too good.
4. \</div\>
5.

本部分学习了 Bootstrap 框架,为开发响应不同终端设备上,用户拥有良好的视觉效果提出了行之有效的解决方案。利用 Bootstrap 框架技术,可以为用户提供更流畅的应用。

综合实训

1. 在 Bootstrap 中,栅格做网页布局的基本结构是什么?默认将一行分为多少列?
2. 对于不同尺寸的设备,Bootstrap 设置的 class 前缀分别是什么?
3. 要使用 Bootstrap 激活或禁用按钮,该如何操作?

项目五
Flask 框架

【项目描述】

在满足多元化市场需求的同时，需要考虑到平台的架构，例如动态网站开发，经常使用 Web 框架。使用 Web 框架进行开发时，一般情况下数据缓存、数据库访问、数据安全校验等方面都不需要进行重新实现，直接用 Web 框架提供的功能就可以满足需求。在本项目的实现中，需要首先了解 Flask 框架，以便于更好地运用。

【项目分析】

目前 Python 主流的 Web 框架有 Django 和 Flask 等。建设一个网站的时候，需要去关注它的业务逻辑实现，以使在进行 Web 应用开发的时候，减少开发工作量。

通常，Django 是一个重量级的框架，它几乎提供了网站开发需要的所有功能，包括视图、模板、模型、安全、缓存等。

Flask 是一个轻量级的框架，仅仅实现了一些核心功能。但它提供了一种扩展机制，如果想使用更多功能，可以通过添加扩展的方式实现。

在开发一个 Bootstrap 的 Web 界面时，需要用 Flask 去开发这个网站的后台服务程序，以用于处理用户的请求。因此，在本项目中，要学习 Flask 的路由分发、请求处理、模板、如何与数据库交互等开发网站后台服务程序的知识。

任务 5.1　Flask 安装

1. Flask 的特点

Flask 是基于 Python 编写的开源 Web 应用框架。其 WSGI（Web Server Gateway Interface，服务网关接口）采用 Werkzeug，模板引擎采用 Jinja2。

Flask 的核心技术很简单，用扩展的方式来增加其他功能。其没有默认使用的对象关系映射 ORM、表单验证工具，但保留了扩增的弹性，可以用 Flask – extension 加入对象关系映射 ORM、窗体验证工具、文件上传功能、各种开放式身份验证技术等。

具有以下特点：

- 完全兼容 WSGI 1.0 协议。
- 支持安全的 cookies。
- 支持 Unicode 编码。
- 自带开发应用服务器和调试器。
- 使用 Jinja2 模板引擎。
- 可用 Flask-extensions 增加其他功能。
- 集成了单元测试。
- RESTful(Representational State Transfer)风格的请求分发。
- 详细的文档和教程。

2. Flask 安装

目前,Flask 最新的版本是 1.0.2,可以按此步骤对其进行安装:

```
1. pip install flask
```

在安装 Flask 的过程中,会自动安装模板引擎 Jinja2。
检验是否安装成功的方法:

```
1. $python
2. Python 3.6.4(default,Apr 23 xxxx,18:41:36)
3. Type"help","copyright","credits"or"license"for more information.
4. >>> import flask
5. >>> flask.__version__
6. '1.0.2'
```

任务 5.2　Flask 的功能

1. 编写"Hello World"

用 Flask 来编写一个简单的网站,浏览网站会显示"Hello World"信息。
首先从 Flask 包中导入 Flask 类:

```
1. from flask import Flask
```

Flask 这个类是项目的核心,后面的很多操作都将基于这个类的对象,例如注册 URL 等。

下面创建一个 Flask 对象,并且传递一个 __name__ 参数:

```
1. app = Flask(__name__)
```

__name__ 参数的作用:

①可以约定好模板和静态文件的查找路径。
②一些 Flask 插件,如果报错,可通过 __name__ 参数找到具体错误位置。

假设定义一个视图函数,用来处理用户请求。

视图函数需要使用装饰器@app. route 装饰,装饰器@app. route('/')就是将 url"/"映射到 helloworld 这个视图函数上,以后当访问网站的"/"目录时,会执行 hello_world 这个函数,然后将这个函数的返回值返回给浏览器。

```
1. @app. route('/')
2. def hello_world():
3. return 'Hello World! '
```

现在启动 Flask 测试服务器,当这个文件作为一个主文件运行时,执行 app. run()方法就可以启动 Flask 自带的测试服务器,服务器默认端口为 5000。

```
1. if __name__ == '__main__':
2. app. run()
```

下面是 flask01. py 的完整的代码:

```
1. from flask import Flask
2. app = Flask(__name__)
3. @app. route('/')
4. def hello_world():
5. return 'Hello World! '
6. if __name__ == '__main__':
7. app. run()
```

通过下面的命令运行:

```
1. python flask01.py
```

输出结果如图 5-1 所示。

```
* Serving Flask app "flask01" (lazy loading)
* Environment: production
  WARNING: Do not use the development server in a production environment.
  Use a production WSGI server instead.
* Debug mode: off
* Running on http://127.0.0.1:5000/ (Press CTRL+C to quit)
```

图 5-1　输出结果

在浏览器中输入"http://127.0.0.1:5000/",结果如图 5-2 所示。

图 5-2　浏览器中的显示结果

说明第一个 Flask 应用运行正常。

2. 模板渲染

在上例中,视图函数只简单返回了一个字符串"Hello World",一般情况下,访问网站应该会显示一个完整的网页界面内容。如果在代码中通过字符串来编写一个网页的内容,会过于烦琐。在这种情况下,使用网站模板就是一个比较好的解决方案。

在 Flask 中,配套的模板是 Jinja2,Flask 的作者也是 Jinja2 的作者。这个模板执行效率高,并且功能非常强大。

模板的查找路径:

①在渲染模板的时候,默认会从项目根目录下的"templates"目录下查找模板。

②如果不想把模板文件放在"templates"目录下,则可以在 Flask 初始化的时候指定"template_folder"来确定模板的路径。

首先创建一个 flasky 项目目录,在该文件夹中进行项目搭建,目录结构如图 5-3 所示。

图 5-3　目录结构

在 templates 目录中新建一个模板文件 hello.html:

```
1. <!DOCTYPE html>
2. <html lang = "en">
3. <head>
4. <meta charset = "UTF -8">
5. <title>hello</title>
6. </head>
7. <body>
8. hello   {{ name }}
9. </body>
10. </html>
```

模板中的{{ name }}定义了一个模板变量 name。模板变量需要放到两个大括号中,其用于接收视图函数传递过来的动态数据。

使用 render_template()方法可以渲染模板,只需要提供模板名称和需要作为参数传递给模板的变量就可以了。将项目中的 manage.py 文件输入下面的模板渲染例子:

```
1. from flask import Flask
2. from flask import render_template
3.
4. app = Flask(__name__)
5.
6. @app.route('/')
7. def hello(name = None):
8.     return render_template('hello.html',name = 'zhangsan')
9.
10. if __name__ == '__main__':
11.     app.run()
```

在项目的根目录下打开命令窗口,执行以下命令来运行项目代码:

```
1. python manage.py
```

根据后台提示 URL 在浏览器地址栏中输入该 URL。

在浏览器中的显示结果如图 5-4 所示。

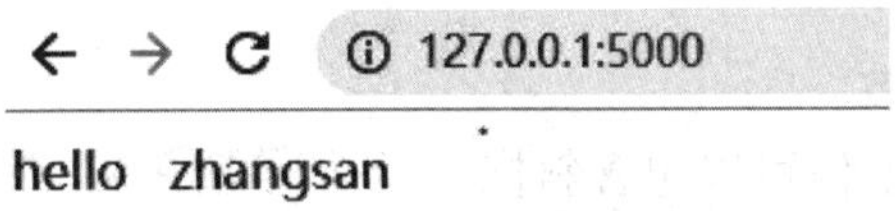

图 5-4　浏览器中的显示结果

3. 路由和视图

(1)路由和视图函数

使用 route( ) 装饰器把函数绑定到 URL:

```
1. @app.route('/')
2. def index():
3.     return 'Index Page'
4.
5. @app.route('/hello')
6. def hello():
7.     return 'Hello,World'
```

同时,还可以动态变化 URL 的某些部分,并可以为一个函数指定多个规则。

(2)变量规则

通过把 URL 的一部分标记为 <variable_name>,就可以在 URL 中添加变量。标记的部分会作为关键字参数传递给函数。通过使用 <converter:variable_name>,可以选择性地加上一个转换器,为变量指定规则。通过一段代码来学习:

```
1. @app.route('/user/<username>')
2. def show_user_profile(username):
3. # show the user profile for that user
4. return 'User % s' % username
5.
6. @app.route('/post/<int:post_id>')
7. def show_post(post_id):
8. # show the post with the given id,the id is an integer
9. return 'Post % d' % post_id
10.
11. @app.route('/path/<path:subpath>')
12. def show_subpath(subpath):
13. # show the subpath after /path/
14. return 'Subpath % s' % subpath
```

转换器类型:

- string(缺省值),接受任何不包含斜杠的文本。
- int,接受正整数。
- float,接受正浮点数。
- path,类似于 string,但可以包含斜杠。
- uuid,接受 UUID 字符串。

以下两条规则的不同之处在于是否使用尾部的斜杠。

```
1. @app.route('/projects/')
2. def projects():
3. return 'The project page'
4.
5. @app.route('/about')
6. def about():
7. return 'The about page'
```

projects 的 URL 中规中矩,尾部有一个斜杠,看起来跟一个文件夹差不多。访问一个不是以斜杠结尾的 URL 时,Flask 会自动进行重定向,自动在尾部加上一个斜杠。

about 的 URL 没有尾部斜杠,因此,其表现形式与一个文件类似。

如果访问这样的 URL 时添加了尾部斜杠,会得到一个 404 错误,这样可以保持 URL 唯一,并帮助搜索引擎避免重复索引同一页面。

(3) URL 反向查询

url_for() 函数用于构建指定函数的 URL。函数名称作为它的第一个参数,可以接受任意个关键字参数,每个关键字参数对应 URL 中的变量。未知变量将会被添加到 URL 中作为查询参数。

那么为什么不直接使用 URL,而要使用反转函数 url_for( )动态构建呢?
- URL 反向查询通常比硬编码 URL 的描述性更好。
- 只需要在一个地方改变 URL 就可以,不用到处找。
- URL 创建会处理特殊字符的转义和 Unicode 数据,比较直观。
- 生产的路径总是绝对路径,能够避免相对路径而产生副作用。
- 如果应用放在 URL 根路径之外,url_for( ) 会妥善处理。

例:使用 test_request_context( )方法来尝试使用 url_for( )。test_request_context( )告诉 Flask 正在处理一个请求,而实际上可能用户正处在交互 Python Shell 之中,并没有真正的请求。

```
1. from flask import Flask,url_for
2. 
3. app = Flask(__name__)
4. 
5. @app.route('/')
6. def index():
7.     return 'index'
8. 
9. @app.route('/login')
10. def login():
11.     return 'login'
12. 
13. @app.route('/user/<username>')
14. def profile(username):
15.     return '{}\s profile'.format(username)
16. 
17. with app.test_request_context():
18.     print(url_for('index'))
19.     print(url_for('login'))
20.     print(url_for('login',next = '/'))
21.     print(url_for('profile',username = 'John Doe'))
```

输出:
```
1. /
2. /login
3. /login?next = %2f
4. /user/John%20Doe
```

(4) HTTP 方法

Web 应用使用不同的 HTTP 方法处理 URL。如果要使用 Flask，应当熟悉 HTTP 方法。缺省状况下，一个路由只回应 GET 请求。

使用 route() 装饰器的 methods 参数来处理不同的 HTTP 方法：

```
1. from flask import request
2.
3. @app.route('/login',methods=['GET','POST'])
4. def login():
5.     if request.method=='POST':
6.         return do_the_login()
7.     else:
8.         return show_the_login_form()
```

如果使用了 GET 方法，Flask 会自动添加 HEAD 方法支持，并且同时还会按照 HTTP RFC 来处理 HEAD 请求。同样，事件也会自动实现。

(5) 请求 – 响应

对 Web 应用来说，及时对由客户端向服务器发送的数据做出响应很重要。在 Flask 中由全局对象 request 来提供请求信息。

从 flask 模块导入请求对象：

```
1. from flask import request
```

使用 method 属性可以操作当前请求方法，使用 form 属性可以处理表单数据（在 POST 或者 PUT 请求中传输的数据）。以下通过一个登录的示例来说明如何处理请求的数据。项目的文档结构如图 5-5 所示。

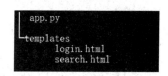

图 5-5 项目的文档结构

在 templates 目录中添加两个模板文件：login.html 和 search.html，第一个用于说明 POST 数据的提交，第二个用于说明 GET 数据的提交。

login.html 的内容如下：

```
1. <!DOCTYPE html>
2. <html lang="en">
3. <head>
4.     <meta charset="UTF-8">
5.     <title>login</title>
6. </head>
7. <body>
8.     <form action="{{ url_for('login') }}"method="post">
9.         <table>
```

10. <tbody>
11. <tr>
12. <td>用户名：</td>
13. <td><input type = "text"placeholder = "请输入用户名"name = "username"/></td>
14. </tr>
15. <tr>
16. <td>密码：</td>
17. <td><input type = "text"placeholder = "请输入密码"name = "password"/></td>
18. </tr>
19. <tr>
20. <td></td>
21. <td><input type = "submit"value = "登录"/></td>
22. </tr>
23. </tbody>
24. </table>
25. </form>
26. </body>
27. </html>

运行结果如图 5-6 所示。

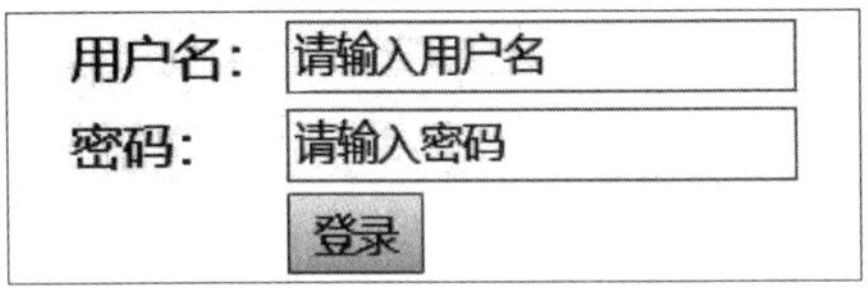

图 5-6　运行结果

search.html 的内容如下：

1. <!DOCTYPE html>
2. <html lang = "en">
3. <head>
4. <meta charset = "UTF-8">
5. <title>Title</title>
6. </head>
7. <body>

```
8. <a href="{{ url_for('search',q='hello')}}">搜索参数测试
   链接</a>
9. </body>
10. </html>
```

在 app.py 中编写视图函数如下:

```
1. from flask import Flask,url_for,redirect,render_
   template,request
2. app=Flask(__name__)
3.
4. @app.route('/login/',methods=['POST','GET'])
5. def login():
6.   if request.method=='GET': #此处判断请求使用的是 GET 还是 POST
      方法
7.     #如果是 GET 请求,显示登录表单模板
8.     return render_template('login.html')
9.   else: #如果是 POST 请求,获取登录表单中输入框输入的值
10.    username=request.form.get('username')
11.    password=request.form.get('password')
12.
13.    return "post request,username:%s password:%s"%(user-
       name,password)
14.
15.
16. if __name__=='__main__':
17.   app.run(debug=True)
```

运行后,输入如图 5-7 所示信息。

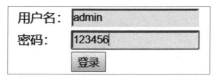

图 5-7 输入信息

单击"登录"按钮后,输出结果如图 5-8 所示。

post request, username: admin password:123456

图 5-8 登录后显示的结果

假设获取了一个 form 属性中不存在的键时会引发一个 KeyError,而在代码中没有使用异常处理去捕获 KeyError,则会显示一个 HTTP 400 Bad Request 错误页面。不过,多数情况下可以不必处理这个问题。

对 GET 进行请求的操作(如 ?key = value)中提交的参数可以使用 args 属性:

```
1. searchword = request.args.get('key','')
```

在 app.py 中增加如下视图函数:

```
1. @app.route('/search')
2. def search():
3. #GET 请求,打印 URL 后面所有的参数(key:value 形式),
4. #如果有多个参数,通过 request.args.get('key')的方式获取值
5. print(request.args)
6. return render_template('search.html')
```

运行程序访问 http://127.0.0.1:5000/search,如图 5 - 9 所示。

搜索参数测试链接

图 5 - 9 显示结果

单击"搜索参数测试链接"后,浏览器的地址栏显示 http://127.0.0.1:5000/search?q = hello。

输出结果如图 5 - 10 所示。

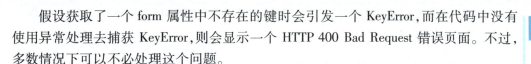

图 5 - 10 输出结果

视图函数的返回值会自动转换为一个响应对象。如果返回值是一个字符串,则会被转换为一个包含作为响应体的字符串、一个响应代码和一个 text/html 类型的响应对象。

转换的规则:

● 如果视图返回的是一个响应对象,则就直接返回它。

● 如果返回的是一个字符串,则根据这个字符串和缺省参数生成一个用于返回的响应对象。

● 如果返回的是一个元组,则元组中的项目可以提供额外的信息。元组中必须至少包含一个项目,并且项目应当由(response, status, headers)或者(response, headers)组成。status 的值会重载状态代码,headers 是一个由额外头部值组成的列表或字典。

● 如果以上都不是,则 Flask 会假定返回值是一个有效的 WSGI 应用,并把它转换为一个响应对象。

- 如果想要在视图内部掌控响应对象的结果，则可以使用 make_response( ) 函数。如果有如下视图：

```
1. @app.errorhandler(404)
2. def not_found(error):
3.    return render_template('error.html'),404
```

可以使用 make_response( ) 返回表达式，获得响应对象，并对该对象进行修改，然后再返回：

```
1. @app.errorhandler(404)
2. def not_found(error):
3.    resp = make_response(render_template('error.html'),404)
4.    resp.headers['X-Something'] = 'A value'
5.    return resp
```

(6) 重定向和错误处理

使用 redirect( ) 函数进行重定向。使用 abort( ) 可以更早退出请求，并返回错误代码：

```
1. from flask import abort,redirect,url_for
2.
3. @app.route('/')
4. def index():
5.    return redirect(url_for('login'))
6.
7. @app.route('/login')
8. def login():
9.    abort(401)
10.   #因为前面出错,后面的代码不会再被执行
11.   return render_template('login.html')
12.
```

这个例子实际上并没有任何意义，仅仅说明重定向和出错跳出是如何工作的，它使一个用户从索引页重定向到一个无法访问的页面(401 表示禁止访问)。

(7) Cookie 和 Session

HTTP 是无状态协议，指用户通过浏览器发送请求时，服务器端无法知道之前这个用户的工作情况，每次请求都相当于发送一次新的请求。产生无状态的原因是浏览器与服务器是使用 socket 套接字进行通信的，服务器将请求结果返回给浏览器后，便自动关闭当前的 socket 连接，并且服务器也会在处理页面完毕之后销毁页面对象。然而，有时需要保留用户浏览的状态，比如用户是否登录过、浏览过哪些商品等。

实现状态保持的两种方式：

①在客户端存储信息使用 Cookie。
②在服务器端存储信息使用 Session。

• Cookie

Cookie：指部分网站为了辨别用户身份、进行会话跟踪而存储在用户本地的数据（通常经过加密）。Cookie 最早是由网景公司的前雇员 Lou Montulli 在 1993 年 3 月发明的。

Cookie 由服务器端生成，发送给客户端浏览器，浏览器将 Cookie 以 key/value 形式保存，下次请求同一网站时，就发送该 Cookie 给服务器（值得注意的是，浏览器设置为启用 Cookie）。Cookie 的 key/value 可以由服务器端定义。

应用：

典型应用是判定注册用户是否已经登录网站，用户可能会得到提示，询问是否在下一次进入该网站时保留用户信息，以便简化登录手续。

网站小广告的推送。用户访问网站的时候，经常会遇到弹出来的小窗口，展示其曾经浏览过的信息。

购物车。用户可能会在一个时间段内，在同一家网站的不同页面中选择不同的商品，这些信息都会写入 Cookie，方便在最后付款时提取信息。

Cookie 是存储在浏览器中的一段纯文本信息，建议不要存储敏感信息，因为电脑上的浏览器可能会被他人使用。Cookie 基于域名安全，不同域名的 Cookie 是不能互相进行访问的，这是浏览器的同源策略。当浏览器请求某网站时，会将该网站下所有 Cookie 信息提交给服务器，所以在 request 中可以读取 Cookie 信息。

设置 Cookie：

```
1. from flask import Flask,make_response
2. @app.route('/cookie')
3. def set_cookie():
4.     resp = make_response('this is to set cookie')
5.     resp.set_cookie('username','admin')
6.     return resp
```

设置过期时间，单位为秒：

```
1. @app.route('/cookie')
2. def set_cookie():
3.     response = make_response('hello world')
4.     response.set_cookie('username','admin',max_age = 3600)
5.     return response
```

获取 Cookie：

```
1. from flask import Flask,request
2. #获取 Cookie
3. @app.route('/request')
```

```
4. def resp_cookie(): 5. resp = request.cookies.get('username')
6. return resp
```

- Session

对于敏感、重要的信息，应当将其存储在服务器端，不能存储在浏览器中。例如用户名、余额、等级、验证码等信息。在服务器端进行状态保持的方案就是 Session。但 Session 依赖于 Cookie，在客户端通过 Cookie 存储一个 session_id，具体数据则保存在服务器中的 Session 中。如果用户已登录，则服务器会在 Cookie 中保存一个 session_id，下次再请求时，会把该 Cookie 中的 session_id 携带上，服务器根据 session_id 在 Session 中获取用户的 Session 数据，就能知道该用户到底是谁，以及之前保存的一些状态信息。

使用 Session 之前，必须设置一个密钥。

那么如何生成一个好的密钥呢？

生成随机数的关键在于有一个好的随机数，随机数生成密钥，一个好的密钥应当有足够的随机性。可以定义下面的方法快捷地为 Flask.secret_key（或者 SECRET_KEY）生成值：

```
1. def genSecretKey():
2. import os
3. return os.urandom(16)
```

Flask 支持如下 Session 操作：

①设置 Session：通过 flask.session 就可操作 Session 了。操作 Session 就跟操作字典一样。代码为：session['username'] = 'derek'。

②获取 Session：也类似于字典，代码为：session.get('key')。

③删除 Session：session.pop(key)，删除指定的值；session.clear()，删除 Session 中所有的值。

④设置 Session 有效期：如果没有设置 Session 的有效期，则默认就是浏览器关闭后过期。如果设置 session.parmanent = True，则会默认 31 天后过期。如果不想在 31 天后过期，就可以设置 app.config['PERMANENT_SESSION_LIFETIME'] = timedelta(hour = 2)，可以指定过期时间(比如 2 小时)。

完整代码如下：

```
1. from flask import Flask, session, redirect, url_for, escape, request
2.
3. app = Flask(__name__)
4. def genSecretKey():
5. import os
6. return os.urandom(16)
7.
```

8. # 设置密钥
9. app.secret_key = genSecretKey()
10.
11. @app.route('/')
12. def index():
13. #判断 Session 中是否有 username
14. if 'username' in session:
15. 　return 'Logged in as %s' % escape(session['username']) # 获取 Session
16. return 'You are not logged in'
17.
18. @app.route('/login', methods = ['GET','POST'])
19. def login():
20. if request.method == 'POST':
21. #设置 Session
22. session['username'] = request.form['username']
23. return redirect(url_for('index'))
24. return '''
25. <form method = "post">
26. <p><input type = text name = username>
27. <p><input type = submit value = Login>
28. </form>
29. '''
30.
31. @app.route('/logout')
32. def logout():
33. # remove the username from the session if it's there
34. session.pop('username', None) #删除 Session
35. return redirect(url_for('index'))
36. if __name__ == '__main__':
37. app.run()

此处 escape() 是用来转义的。如果不使用模板引擎,就可以像上面的代码一样使用这个函数来转义。

4. 模板

(1) Jinja2 模板引擎

Jinja2 是一个现代的、友好的,仿照 Django 模板的 Python 模板语言。其运行速度快,应用广泛,并且提供了可选的沙箱模板来保证环境安全。

模板中包含变量或表达式,这两者在模板求值的时候会被替换为实际传入的值。模板中的其他标签用于控制模板的逻辑。

创建一个模板的演示项目 templateDemo,目录结构如图 5-11 所示。

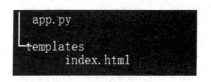

图 5-11　目录结构

创建一个 index.html 文件,用它来阐明一些模板使用的基础,然后再逐一对细节进行解释。内容如下:

```
1. <!DOCTYPE HTML PUBLIC" - //W3C//DTD HTML 4.01//EN">
2. <html lang = "en">
3. <head>
4. <title >My Webpage </title>
5. </head>
6. <body>
7. <ul id = "navigation">
8. {%for item in navigation%}
9.  <li><a href = "{{ item.href }}">{{ item.caption }} </a></li>
10. {%endfor%}
11. </ul>
12.
13. <h3 >welcome </h3>
14. {{ a_variable }}
15. </body>
16. </html>
```

这里使用到了两种分隔符:{%…%} 和 {{…}}。前者用于执行诸如 for 循环或赋值的语句,后者把表达式的结果打印到模板上。

Flask 应用把变量传递到模板,变量中也可以有能访问的属性或元素。可以使用点(.)来访问变量的属性,作为替代,也可以使用"下标"语法([])。下面两行的效果是一样的:

```
1. {{ foo.bar }}
2. {{ foo['bar']}}
```

如果变量或属性不存在,则会返回一个未定义值。

然后在 app.py 中加入如下代码,用于渲染模板和向模板文件传值:

```
1. from flask import Flask,render_template
2. app = Flask(__ name __)
3.
4. @app.route('/')
5. def index():
6.    navigation = [
7.       {
8.          'href':'#',
9.          'caption':'首页'
10.      },
11.      {
12.         'href':'#',
13.         'caption':'新闻'
14.      },
15.      {
16.         'href':'#',
17.         'caption':'产品'
18.      },
19.      {
20.         'href':'#',
21.         'caption':'联系'
22.      },
23.   ]
24.   a_variable = '欢迎光临本网站'
25.   context = {'navigation':navigation,'a_variable':a_variable}
26.   return render_template('index.html',**context)
```

代码中,navigation 是一个列表,里面存储了四个字典,用于生成模板中的导航条;a_variable 是一个字符串变量,用于显示一段欢迎词。将这两个变量分别使用在模板中定义的名字,并作为键值,放到字典 context 中。在渲染模板时,将 context 一起传给模板。context 前面的 ** 是将字典理解成函数的关键字参数的用法。运行结果如图 5-12 所示。

(2)过滤器

变量可以通过过滤器进行修改。过滤器与变量用管道符号(|)进行分割,也可以用圆括号传递可选参数。多个过滤器可以采用链式调用,前一个过滤器的输出作为后一个过滤器的输入。

- 首页
- 新闻
- 产品
- 联系

welcome

欢迎光临本网站

图 5-12 运行结果

例如：

```
1. {{ name |striptags |title }}
```

过滤器会移除 name 中的所有 HTML 标签并且改写为标题样式的大小写格式。

过滤器接受带圆括号的参数，如同函数调用。这个例子会把一个列表用逗号连接起来：

```
1. {{ list |join(',') }}
```

(3) 注释

如果要注释掉模板中某一行的信息，默认使用 {#…#} 注释语法。

```
2. {# note:disabled template because we no longer use this
3. {% for user in users %}
4. ...
5. {% endfor %}
6. #}
```

(4) 控制结构

控制结构指所有可以控制程序流的结构，例如条件（比如 if/elif/else）、for 循环，以及宏和块之类的结构。控制结构在默认语法中以 {%…%} 块的形式出现。

- for

遍历序列中的每一项。例如，要显示一个由 users 变量提供的用户列表：

```
1. <h1>Members </h1>
2. <ul>
3. {% for user in users %}
4. <li>{{ user.username |e }} </li>
5. {% endfor %}
6. </ul>
```

如果给模板中的变量传递一个对象，在模板中同样可以使用对象的属性和方法。

例如，给 my_dict 变量传递一个字典，可以使用下面的代码遍历字典中的键值对：

```
1. <dl>
2. {% for key,value in my_dict.iteritems()%}
3. <dt>{{ key |e }} </dt>
4. <dd>{{ value |e }} </dd>
5. {% endfor %}
6. </dl>
```

- if

使用以下形式测试一个变量是否未定义、为空或 false：

```
1. {% if users %}
2. <ul>
3. {% for user in users %}
4. <li>{{ user.username|e }}</li>
5. {% endfor %}
6. </ul>
7. {% endif %}
```

像在 Python 中一样,用 elif 和 else 来构建多个分支。当然,也可以用更复杂的表达式。

```
1. {% if kenny.sick %}
2. Kenny is sick.
3. {% elif kenny.dead %}
4. You killed Kenny! You bastard!!!
5. {% else %}
6. Kenny looks okay --- so far
7. {% endif %}
```

(5)模板继承

模板继承是 Jinja2 中最强大的部分。模板继承允许构建一个包含所有站点共同元素的基本模板,即"骨架",并定义子模板可以覆盖的块。

- 基本模板

在项目中添加一个新的模板文件 base.html,用它定义一个简单的 HTML 骨架文档,创建一个简单的两栏页面。用内容填充空的块是子模板的工作:

```
1. <!DOCTYPE HTML PUBLIC "-//W3C//DTD HTML 4.01//EN">
2. <html lang="en">
3. <html xmlns="http://www.w3.org/1999/xhtml">
4. <head>
5. {%block head%}
6. <link rel="stylesheet" href="style.css" />
7. <title>{%block title%}{%endblock%} - My Webpage</title>
8. {%endblock%}
9. </head>
10. <body>
11. <div id="content">{%block content%}{%endblock%}</div>
12. <div id="footer">
13. {%block footer%}
```

14. © Copyright 2008 by < a href = " http://domain.invalid/">you </a>.
15. {% endblock %}
16. </div>
17. </body>

本例中，{% block %}标签定义了四个子模板可以填充的块。所有的block标签告诉模板引擎子模板可以覆盖模板中的这些部分。

- 子模板

接下来定义一个子模板child.html，内容如下：

1. {% extends"base.html"%}
2. {% block title % }Index{% endblock %}
3. {% block head %}
4. {{ super() }}
5. < style type = "text/css">
6. important { color:#336699; }
7. </style>
8. {% endblock %}
9. {% block content %}
10. < h1 >Index </h1 >
11. < p class = "important">
12. Welcome on my awesome homepage.
13. </p>
14. {% endblock %}

这里的关键是标签{%extends%}。它向模板引擎传递一个信息：这个模板"继承"另一个模板。当模板系统对这个模板求值时，首先定义父模板。{% extends%}标签应该是模板中的第一个标签，它前面的所有信息都会按照正常情况打印出来，并且可能会导致一些困惑。

模板的文件名依赖于模板加载器。例如FileSystemLoader允许用文件名访问其他模板。可以使用斜线访问子目录中的模板：

1. {% extends"layout/default.html"% }

该行为也可能依赖于应用内嵌的Jinja。但是子模板没有定义footer块，会使用父模板中的值。

通常，不能在同一个模板中定义多个同名的{% block %}标签。因为块标签以两种方式工作，所以存在限制。一个块标签不仅提供一个可以填充的部分，也在父级定义填充的内容。如果同一个模板中有两个同名的{% block %}标签，父模板将无法获知要使用哪一个块的内容。

如果需要多次打印一个块,则都可以使用特殊的 self 变量,并调用与块同名的函数:

```
1. <title>{% block title %}{% endblock %}</title>
2. <h1>{{ self.title() }}</h1>
3. {% block body %}{% endblock %}
```

在 app.py 中添加新的路由函数:

```
1. @app.route('/child')
2. def child():
3.     return render_template('child.html')
```

重新运行程序,访问地址 http://127.0.0.1:5000/child,显示如下:
• index(图 5-13)

```
app.py
└templates
    index.html
```

图 5-13 重新访问后输出结果

• super 块

可以调用 super 来渲染父级块的内容,则返回父级块的结果:

```
1. {% block sidebar %}
2. <h3>Table Of Contents</h3>
3. ...
4. {{ super() }}
5. {% endblock %}
```

• 命名块结束标签

Jinja2 允许在块的结束标签中加入名称来改善可读性:

```
1. {% block sidebar %}
2. {% block inner_sidebar %}
3. ...
4. {% endblock inner_sidebar %}
5. {% endblock sidebar %}
```

因此,endblock 后面的名称一定与块名匹配。

5. 转义

当从模板生成 HTML 时,始终会存在一种风险:变量包含影响已生成 HTML 的字符。解决方法有两种:手动转义每个字符和默认自动转义所有变量。

在 Jinja2 中,对两者都支持,但究竟使用哪个,取决于应用的配置。默认的配置未开

启自动转义,有两个原因:

● 转义所有非安全值的内容,这样就意味着 Jinja 可能会转义已知不包含 HTML 的变量,比如数字,这对性能有巨大影响。

● 关于变量安全性的信息是模糊的。可能会发生强制标记一个值为安全或非安全的情况,返回值会被作为 HTML 转义两次。

(1)使用手动转义

如果启用了手动转义,按需转义变量就变成了程序员的责任。如果有一个可能包含 >、<、& 或"字符的变量,就必须转义,因为这些字符在 HTML 中有特殊的含义。除非变量中的 HTML 有值得依赖的格式。

手动转义通过管道传递到过滤器 le 来实现:

```
1. {{ user.username |e }}
```

(2)使用自动转义

如果启用了自动转义,默认会转义一切变量,除非变量的值被显式地标记为安全的。可以在应用中标记,也可以在模板中使用 safe 过滤器标记。

关于变量安全性的信息是模糊的,自动转义有可能会出现双重转义,而我们只需要依赖 Jinja2 提供的工具而不使用诸如字符串模运算符这样的 Python 内置结构就能够避免双重转义。

返回模板数据(宏、super、self.BLOCKNAME)的函数,其返回值总是被标记为安全的。

6. 自定义错误页面

默认情况下,每种出错代码都会对应显示一个黑白的出错页面。使用 errorhandler( ) 装饰器可以定制出错页面:

```
1. from flask import render_template
2. @app.errorhandler(404)
3. def page_not_found(error):
4. return render_template('page_not_found.html'),404
```

render_template( ) 后面的 404 表示页面对应的出错代码,即当前页面并不存在。默认情况下为 200,表示一切正常。

在处理请求时,当 Flask 捕捉到一个异常时,它首先根据代码检索。如果当前代码没有注册处理器,则它会根据类的继承来查找,确定最合适的注册处理器。如果找不到已注册的处理器,则 HTTPException 子类会显示一个关于代码的通用消息。没有代码的异常会被转化为一个通用的 500 内部服务器错误。

7. 静态文件

静态文件包含网站中的 CSS 文件、JS 文件、图片文件等。通常将静态文件放到单独的目录中,以方便管理。

实例化一个 Flask 对象,最基本的写法为:

```
1. app = Flask(__ name __)
```

但是 Flask 中还有其他参数,以下是可填的参数及其默认值:

```
1. def __ init __(self, import_name, static_path = None,
2. static_url_path = None,
3. static_folder = 'static', template_folder = 'templates',
4. instance_path = None, instance_relative_config = False,
5. root_path = None):
```

- template_folder:模板所在文件夹的名字。
- root_path:当前执行文件所在目录地址,可以不填,会自动找到。

在 return render_template 时,会将上面两个进行拼接,找到对应的模板地址。

- static_folder:静态文件所在文件的名字,默认是 static,可以不填。
- static_url_path:静态文件的地址前缀。

```
1. app =
2. Flask(__ name __, template_folder = 'templates', static_url_
   path = '/xxxxxx')
```

例如,在根目录下创建目录 templates 和 static,则 return render_template 时,可以找到里面的模板页面。例如,在 static 文件夹里存放 11.png,在引用该图片时,静态文件地址为/xxxxxx/11.png。

加载静态文件使用的是 url_for 函数。第一个参数需要是 static,第二个参数需要是一个关键字参数 filename = '路径'。

语法:

```
1. {{ url_for("static", filename = 'xxx') }}
```

8. 使用 Flask – Bootstrap

前面部分介绍过 Bootstrap,它提供的用户界面组件可用于创建整洁且具有吸引力的网页,并且这些网页还能兼容现在常用的 Web 浏览器。

要在程序中集成 Bootstrap,就要对模板进行必要的调整和改动。但是,更简单的方法是使用一个名为 Flask – Bootstrap 的 Flask 扩展,从而将集成的过程简化。Flask – Bootstrap 使用 pip 安装:

```
1. pip install flask_bootstrap
```

Flask 扩展一般都在创建程序实例时初始化,FlaskBootstrap 的初始化方法如下:

```
1. from flask_bootstrap import Bootstrap
2. bootstrap = Bootstrap(app)
```

初始化 Flask – Bootstrap 后,就可以在程序中使用一个包含所有 Bootstrap 文件的模板。这个模板利用 Jinja2 模板的继承机制,让程序扩展一个具有基本页面结构的基模板,其中就有用来引入 Bootstrap 的元素。

创建一个项目来说明 Flask-Bootstrap 的使用,项目名称定义为 bootstrapDemo,目录结构如图 5-14 所示。

图 5-14 目录结构

在 templates 目录下新建一个 index.html 模板文件,内容如下:

```
1. {% extends"bootstrap/base.html"%}
2.
3. {% block title %}Flask{% endblock %}
4.
5. {% block navbar %}
6. <div class = "navbar navbar-inverse"role = "navigation">
7. <div class = "container">
8. <div class = "navbar-header">
9. <button type = "button"class = "navbar-toggle"
10. data-toggle = "collapse"data-target = ".navbar-collapse">
11. <span class = "sr-only">Toggle navigation</span>
12. <span class = "icon-bar"></span>
13. <span class = "icon-bar"></span>
14. <span class = "icon-bar"></span>
15. </button>
16. <a class = "navbar-brand"href = "/">Flasky</a>
17. </div>
18. <div class = "navbar-collapse collapse">
19. <ul class = "nav navbar-nav">
20. <li><a href = "/">Home</a></li>
21. </ul>
22. </div>
23. </div>
24. </div>
25.
26. {% endblock %}
27. {% block content %}
28. <div class = "container">
```

```
29. <div class = "page - header">
30. <h1>Hello,{{ name }}!  </h1>
31. </div>
32. </div>
33. {% endblock %}
```

Jinja2 中的 extends 指令从 Flask – Bootstrap 中导入 bootstrap/base.html，从而实现模板继承。Flask – Bootstrap 中的基模板提供了一个网页框架，引入了 Bootstrap 中的所有 CSS 和 JavaScript 文件。基模板中定义了可在衍生模板中重新定义的块。block 和 endblock 指令定义的块中的内容可添加到基模板中。

上面这个 index.html 模板定义了 3 个块，分别名为 title、navbar 和 content。这些块都是基模板提供的，可在衍生模板中重新定义。title 块的作用很明显，其中的内容会出现在渲染后的 HTML 文档头部，放在 <title> 标签中。navbar 和 content 这两个块分别表示页面中的导航条和主体内容。在这个模板中，navbar 块使用 Bootstrap 组件定义了一个简单的导航条。content 块中有个 <div> 容器，其中包含一个页面头部。之前版本的模板中的欢迎信息，现在就放在这个页面头部。

在 app.py 文件中添加如下代码：

```
1. from flask import Flask,render_template
2. from flask_bootstrap import Bootstrap
3.
4. app = Flask(__name__)
5. bootstrap = Bootstrap(app)
6.
7. @app.route('/')
8. def index():
9. context = {'name':'flask'}
10. return render_template('index.html', ** context)
11.
12. if __name__ == '__main__':
13. app.run(debug = True)
```

运行结果如图 5 – 15 所示。

图 5 – 15　运行结果

Flask – Bootstrap 的 base.html 模板还定义了很多其他块,都可以在衍生模板中使用,表 5 – 1 列出了所有可用的块。

表 5 – 1 所有可用的块

块名	说明
doc	整个 html 文档
html_attribs	html 标签属性
html	html 标签中的内容
head	head 标签中的内容
title	title 标签中的内容
metas	一组 meta 标签
styles	层叠样式表定义
body_attribs	body 标签的属性
body	body 标签中的内容
navbar	用户定义的导航条
content	用户定义的页面内容
scripts	文档底部的 JavaScript 声明

表 5 – 1 中,很多块都是 Flask – Bootstrap 自用的,如果直接重定义,可能会导致一些问题发生。例如,Bootstrap 所需的文件在 styles 和 scripts 块中声明,如果程序需要向已经有内容的块中添加新内容,必须使用 Jinja2 提供的 super() 函数。如果要在衍生模板中添加新的 JavaScript 文件,需要这么定义 scripts 块:

```
1.{% block scripts %}
2.{{ super() }}
3. <script type = "text/javascript" src = "my - script.js"></script>
4.{% endblock %}
```

9. Web 表单

Form 表单是 Web 应用中最基础的一部分。为了能处理 Form 表单,Flask – WTF 扩展提供了良好的支持。

安装:

```
1.pip install flask – wtf
```

(1)跨站请求伪造保护

Flask – WTF 提供了对所有 Form 表单免受跨站请求伪造(Cross – Site Request Forgery,CSRF)攻击的技术支持。

跨站请求伪造也被称为"One Click Attack"或者 Session Riding,通常缩写为 CSRF 或

者XSRF,是一种挟制用户在当前已登录的Web应用程序上执行非本意的操作的攻击方法。主要利用的是网站对用户网页浏览器的信任。其是一种对网站的恶意利用。攻击者盗用用户的身份信息,以用户的名义向对方发送恶意请求,对服务器来说这个请求是完全合法的,但是却完成了攻击者所期望的操作,比如以用户的名义发送邮件、发消息、盗取用户的账号、添加系统管理员,甚至购买商品、进行虚拟货币转账等。

启动CSRF保护,可以在app.py中添加如下代码:

```
1. from flask_wtf.csrf import CSRFProtect
2. #开启CSRF保护
3. CSRFProtect(app)
4. app.config["SECRET_KEY"] = "12345678"
```

其中,SECRET_KEY用来建立加密的令牌,用于验证Form表单提交。当自己编写应用程序时,应尽可能设置得复杂一些,这样可以有效防止恶意攻击者猜到密钥值。

最后,需要在响应的html模板的Form表单中加上如下语句:

```
1. {{form.csrf_token}}
```

或者

```
1. {{form.hidden_tag()}}
```

其中,form是app.py中对应处理函数传递过来的Form对象名称,根据具体情况会有所变化。通过上面的配置,就启动了CSRF保护。

(2)表单类

通常会把一个表单里面的元素定义为1个类。

新建forms.py文件,专门用于定义表单的类:

```
1. #引入Form基类
2. from flask_wtf import Form
3. #引入Form元素父类
4. from wtforms import StringField,PasswordField
5. #引入Form验证父类
6. from wtforms.validators import DataRequired,Length
7.
8. #登录表单类,继承自Form类
9. class LoginForm(Form):
10.    #用户名
11.    name = StringField('name',validators = [DataRequired(message=u"用户名不能为空"),
12.    Length(10,20,message=u'长度位于10~20之间')],render_kw=
       {'placeholder':u'输入用户名'})
13.    #密码
```

14. password = PasswordField('password',validators = [Data-
    Required(message = u"密码不能为空"),
15. Length(10,20,message = u'长度位于10~20之间')],render_kw =
    {'placeholder':u'输入密码'})

WTForms 支持的 HTML 标准字段：
- StringField,文本字段。
- TextAreaField,多行文本字段。
- PasswordField,密码文本字段。
- HiddenField,隐藏文本字段。
- DateField,文本字段,值为 datetime.date 格式。
- DateTimeField,文本字段,值为 datetime.datetime 格式。
- IntegerField,文本字段,值为整数。
- DecimalField,文本字段,值为 decimal.Decimal。
- FloatField,文本字段,值为浮点数。
- BooleanField,复选框,值为 True 和 False。
- RadioField,一组单选框。
- SelectField,下拉列表。
- SelectMultipleField,下拉列表,可选择多个值。
- FileField,文件上传字段。
- SubmitField,表单提交按钮。
- FormField,把表单作为字段嵌入另一个表单。
- FieldList,一组指定类型的字段。

常见的验证函数：
- Email,验证电子邮件地址。
- EqualTo,比较两个字段的值,常用于要求输入两次密码进行确认的情况。
- IPAddress,验证 IPv4 网络地址。
- Length,验证输入字符串的长度。
- NumberRange,验证输入的值在数字范围内。
- Optional,无输入值时,跳过其他验证函数。
- Required,确保字段中有数据。
- Regexp,使用正则表达式验证输入值。
- URL,验证 URL。
- AnyOf,确保输入值在可选值列表中。
- NoneOf,确保输入值不在可选值列表中。

①把表单渲染成 HTML。
增加如下模板文件 index.html：

```
1.  <!DOCTYPE html>
2.  <html lang = "en">
3.  <head>
4.  <meta charset = "UTF-8">
5.  <style>
6.  .base_login{
7.  float:none;
8.  display:block;
9.  margin-left:auto;
10. margin-right:auto;
11. width:200px;
12. }
13. </style>
14. <title>login</title>
15. </head>
16. <body>
17. <div class = "base_login">
18. <h1>用户登录</h1>
19. <div>
20. <form method = "POST">
21. {{ form.csrf_token }}
22. <p>
23. 用户:{{form.name(size =20,id = 'name')}}
24. {% for e in form.name.errors%}
25. <span style = "color:red"> * {{e}} </span>
26. {% endfor%}
27. </p>
28. <p>
29. 密码:{{form.password(size =20,id = 'password')}}
30. 
31. {% for e in form.password.errors%}
32. <span style = "color:red"> * {{e}} </span>
33. {% endfor%}
34. </p>
35. <p><button style = "float:right"type = "submit">登录</button></p>
36. </form>
```

```
37. </div>
38. </div>
39. </body>
40. </html>
```

在 app.py 中添加如下的路由和视图函数：

```
1. from flask import Flask,render_template
2. from flask_wtf.csrf import CSRFProtect
3.
4. #导入定义的 LoginForm
5. from forms import LoginForm
6. app = Flask(__name__)
7. #开启 CSRF 保护
8. CSRFProtect(app)
9. app.config["SECRET_KEY"] = "12345678"
10. #定义处理函数和路由规则，接收 GET 和 POST 请求
11. @app.route('/login/',methods = ('POST','GET'))
12. def login():
13. form = LoginForm()
14. return render_template('index.html',form = form)
15. if __name__ == '__main__':
16. app.run(debug = True)
```

在浏览器中访问 http://127.0.0.1:5000/login，显示结果如图 5-16 所示。

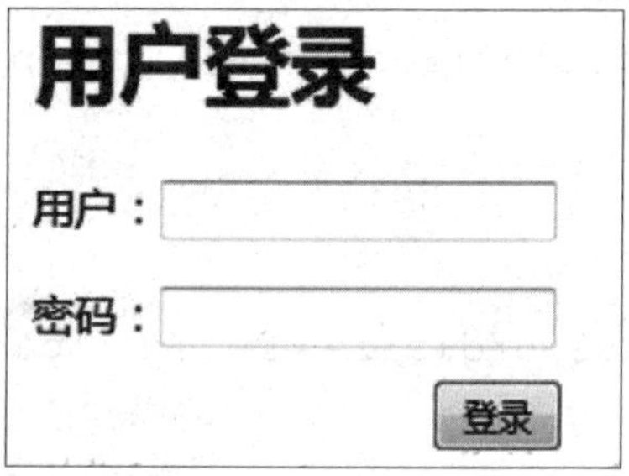

图 5-16 显示结果

②在视图函数中处理表单。

完整的处理表单的 app.py 代码如下：

```
7. from flask import Flask,render_template,redirect,url_for
8. from flask_wtf.csrf import CSRFProtect
9. #导入定义的 LoginForm
```

```
10. from forms import LoginForm
11.
12. app = Flask(__name__)
13.
14. #开启 CSRF 保护
15. CSRFProtect(app)
16. app.config["SECRET_KEY"] = "12345678"
17.
18. @app.route('/',methods = ('POST','GET'))
19. def login():
20.     form = LoginForm()
21.     #判断是否是验证提交
22.     if form.validate_on_submit():
23.         return redirect(url_for('success'))
24.     else:
25.         #渲染
26.         return render_template('index.html',form = form)
27.
28. @app.route('/success')
29. def success():
30.     return '<h1>Success</h1>'
31.
32. if __name__ == '__main__':
33.     app.run(debug = True)
```

如果填入不能通过验证的值,比如 admin/123,将显示警告信息,如图 5-17 所示。

如果 validate_on_submit 返回 True,则说明用户输入有效且已完成,可以将用户名和密码与数据库中的进行比对了。由于数据库部分还没有实现,将直接重定向到 Success 页面。如果输入 admin12345678/admin12345678,将发生跳转,如图 5-18 所示。

图 5-17　显示警告信息

图 5-18　发生跳转

10. SQLAlchemy 数据库编程

（1）认识 SQLAlchemy

SQLAlchemy 是 Python 编程语言下的一款开源软件，提供了 SQL 工具包及对象关系映射（Object Relational Mappers，ORM）工具，使用 MIT 许可证发行。其是首次发行于 2006 年 2 月，并迅速地在 Python 社区中广泛使用的 ORM 工具之一，不亚于 Django 的 ORM 框架。SQLAlchemy"采用简单的 Python 语言，为高效和高性能的数据库访问设计，实现了完整的企业级持久模型"。SQLAlchemy 的理念是，SQL 数据库的量级和性能比对象集合重要；而对象集合的抽象又比表和行重要。SQLAlchemy 在构建于 WSGI 规范上的 Python Web 框架中得到了广泛应用。SQLAlchemy 的一个目标是提供能兼容众多数据库（如 SQLite、MySQL、Postgres、Oracle、MSSQL、SQLServer 和 Firebird）的企业级持久性模型。

SQLAlchemy 取得成功的一个证明就是围绕它已建立了丰富的社区。针对 SQLAlchemy 的扩展和插件包括 declarative、Migrate、Elixir、SQLSoup、django – SQLAlchemy、Flask – SQLAlchemy 等。

在 Flask 下可以直接使用 SQLAlchemy，也可以通过一个扩展 Flask – SQLAlchemy 来简化 SQLAlchemy 的使用。下面先来学习 SQLAlchemy 最基本的用法，然后介绍扩展 Flask – SQLAlchemy 的用法。

安装 SQLAlchemy：

```
pip install sqlalchemy
```

（2）数据库的连接方式

首先从 SQLAlchemy 中导入 create_engine，用这个函数来创建引擎，然后用 engine.connect()来连接数据库。需要注意的是，通过 create_engine 函数的时候，需要传递一个满足某种格式的连接字符串，对这个连接字符串的格式进行解释：

```
dialect + driver://username:password@host:port/database?charset=utf8
```

- dialect 是数据库的实现，比如 MySQL、PostgreSQL、SQLite，并且转换成小写。
- driver 是 Python 对应的驱动，如果不指定，会选择默认的驱动，比如 MySQL 的默认驱动是 MySQLdb。
- username 是连接数据库的用户名。
- password 是连接数据库的密码。
- host 是连接数据库的域名。
- port 是数据库监听的端口号。
- database 是要连接的数据库的名字。

下面是 SQLAlchemyTest1.py 的完整代码：

```
1. from sqlalchemy import create_engine
2. # 数据库的配置变量,根据自己的 MySQL 的设置修改
```

```
3. HOSTNAME = '127.0.0.1'
4. PORT = '3306'
5. DATABASE = 'test'
6. USERNAME = 'root'
7. PASSWORD = ''
8. DB_URI = 'mysql+pymysql://{}:{}@{}:{}/{}'.format(USER-
   NAME,PASSWORD,HOSTNAME,PORT,DATABASE)
9. # 创建数据库引擎
10. engine = create_engine(DB_URI)
11. # 创建连接
12. with engine.connect() as con:
13.     rs = con.execute('SELECT 1')
14.     print(rs.fetchone())
```

运行以上结果,如果输出了"1,",则说明SQLAlchemy能成功连接到数据库。

(3)定义模型

使用ORM来操作数据库,首先需要创建一个模型类来与数据库中对应的表进行映射。现在以users表为例来创建模型User,它有自增长的id、name、fullname、password字段,在SQLAlchemyTest2.py中定义如下的模型类:

```
1. from sqlalchemy import Column,Integer,String
2. from sqlalchemy import create_engine
3. from sqlalchemy.ext.declarative import declarative_base
4. # 数据库的配置变量,根据自己的MySQL的设置修改
5. HOSTNAME = '127.0.0.1'
6. PORT = '3306'
7. DATABASE = 'test'
8. USERNAME = 'root'
9. PASSWORD = ''
10. DB_URI = 'mysql+pymysql://{}:{}@{}:{}/{}'.format(USER-
    NAME,PASSWORD,HOSTNAME,PORT,DATABASE)
11.
12. engine = create_engine(DB_URI,echo = True)
13.
14. # 所有的类都要继承自declarative_base这个函数生成的基类
15. Base = declarative_base(engine)
16.
17. # 自定义的模型类
18. class User(Base):
19.     # 定义表名为users
```

```
20. __tablename__ = 'users'
21. # 将id设置为主键,并且默认是自增长的
22. id = Column(Integer, primary_key = True)
23. # name字段,字符类型,最大的长度是50个字符
24. name = Column(String(50))
25. fullname = Column(String(50))
26. password = Column(String(100))
27. # 让打印出来的数据更好看,可选的
28. def __repr__(self):
29.     return "<User(id='%s', name='%s', fullname='%s', password='%s')>" % (self.id, self.name, self.fullname, self.password)
```

SQLAlchemy 会自动设置第一个 Integer 为主键,并且没有被标记为外键的字段,添加自增长的属性。所以,该例中 id 会自动变成自增长的。创建完和表映射的类后,还没有真正映射到数据库中,在 SQLArchemyTest2.py 文件尾部添加如下代码:

```
1. if __name__ == '__main__':
2.     Base.metadata.create_all()
```

执行以下命令,将类映射到数据库中:

```
1. python sqlAlchemyTest2.py
```

输出如下:

```
1. 2020-05-16 08:29:55,630 INFO sqlalchemy.engine.base.Engine SHOW VARIABLES LIKE 'sql_mode'
2. 2020-05-16 08:29:55,630 INFO sqlalchemy.engine.base.Engine {}
3. 2020-05-16 08:29:55,632 INFO sqlalchemy.engine.base.Engine SELECT DATABASE()
4. 2020-05-16 08:29:55,632 INFO sqlalchemy.engine.base.Engine {}
5. 2020-05-16 08:29:55,633 INFO sqlalchemy.engine.base.Engine show collation where 'Charset' = 'utf8' and 'Collation' = 'utf8_bin'
6. 2020-05-16 08:29:55,633 INFO sqlalchemy.engine.base.Engine {}
7. 2020-05-16 08:29:55,635 INFO sqlalchemy.engine.base.Engine SELECT CAST('test plain returns' AS CHAR(60)) AS anon_1
8. 2020-05-16 08:29:55,635 INFO sqlalchemy.engine.base.Engine {}
9. 2020-05-16 08:29:55,636 INFO sqlalchemy.engine.base.Engine SELECT CAST('test unicode returns' AS CHAR(60)) AS anon_1
10. 2020-05-16 08:29:55,636 INFO sqlalchemy.engine.base.Engine {}
```

11. 2020 -05 -16 08:29:55,637 INFO sqlalchemy.engine.base.Engine
    SELECT CAST ('test collated returns' AS CHAR CHARACTER SET
    utf8)COLLATE utf8_bin AS anon_1
12. 2020 -05 -16 08:29:55,637 INFO sqlalchemy.engine.base.Engine
    {}
13. 2020 -05 -16 08:29:55,638 INFO sqlalchemy.engine.base.Engine
    DESCRIBE 'users'
14. 2020 -05 -16 08:29:55,638 INFO sqlalchemy.engine.base.Engine
    {}
15. 2020 -05 -16 08:29:55,724 INFO sqlalchemy.engine.base.Engine ROLL-
    BACK
16. 2020 -05 -16 08:29:55,726 INFO sqlalchemy.engine.base.Engine
17. CREATE TABLE users(
18. id INTEGER NOT NULL AUTO_INCREMENT,
19. name VARCHAR(50),
20. fullname VARCHAR(50),
21. password VARCHAR(100),
22. PRIMARY KEY(id)
23.)
24.
25.
26. 2020 -05 -16 08:29:55,726 INFO sqlalchemy.engine.base.Engine
    {}
27. 2020 -05 -16 08:29:56,359 INFO sqlalchemy.engine.base.Engine
    COMMIT

查看数据库，User 模型对应的 users 表已经创建好了，如图 5-19 所示。

图 5-19　创建好的 users 表

后面的模型类都要使用类似的操作自动生成数据库中对应的表。

Column 常用参数：
- default，默认值。
- nullable，是否可空。
- primary_key，是否为主键。
- unique，是否唯一。

- autoincrement,是否自动增长。
- onupdate,更新的时候执行的函数。
- name,该属性在数据库中的字段映射。

SQLAlchemy 常用数据类型:

- Integer,整型。
- Float,浮点类型。
- Boolean,传递 True/False。
- Decimal,定点类型。
- Enum,枚举类型。
- Date,传递 datetime.date()。
- DateTime,传递 datetime.datetime()。
- Time,传递 datetime.time()。
- String,字符类型,使用时需要指定长度,区别于 Text 类型。
- Text,文本类型。
- Longtext,长文本类型。

(4) 外键

在 MySQL 中,通过外键可以让表与表之间的关系更加紧密。而 SQLAlchemy 同样也支持外键,通过 ForeignKey 类来实现,并且可以指定表的外键约束。

SQLAlchemyTest3.py 代码如下:

```
1. from sqlalchemy import Column,Integer,String,Text,ForeignKey
2. from sqlalchemy import create_engine
3. from sqlalchemy.ext.declarative import declarative_base
4. # 数据库的配置变量,根据自己的 MySQL 的设置修改
5. HOSTNAME = '127.0.0.1'
6. PORT = '3306'
7. DATABASE = 'test'
8. USERNAME = 'root'
9. PASSWORD = ''
10. DB_URI = 'mysql+pymysql://{}:{}@{}:{}/{}'.format(USER-
    NAME,PASSWORD,HOSTNAME,PORT,DATABASE)
11.
12. engine = create_engine(DB_URI,echo=True)
13.
14. # 所有的类都要继承自 declarative_base 这个函数生成的基类
15. Base = declarative_base(engine)
16. class Article(Base):
17.     __tablename__ = 'article'
18.     id = Column(Integer,primary_key=True,autoincrement=True)
```

```
19. title = Column(String(50), nullable = False)
20. content = Column(Text, nullable = False)
21. uid = Column(Integer, ForeignKey('user.id'))
22. def __repr__(self):
23.     return "<Article(title:% s)>"% self.title __tablename__ = 'user'
24. class User(Base):
25.
26.     id = Column(Integer, primary_key = True, autoincrement = True)
27.     username = Column(String(50), nullable = False)
28.
29. if __name__ == '__main__':
30.     Base.metadata.create_all()
```

执行以下命令将类映射到数据库中：

```
1. python sqlAlchemyTest3.py
```

数据库中会创建 user 和 article 两个表，如图 5-20 和图 5-21 所示。

图 5-20 user 表

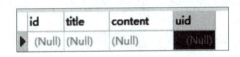

图 5-21 article 表

article 的 uid 会关联到 user 的 id。

外键约束有以下几项：

- RESTRICT：阻止父表数据被删除。默认就是这一项。
- NO ACTION：在 MySQL 中，同 RESTRICT。
- CASCADE：级联删除。
- SET NULL：父表数据被删除，子表数据会设置为 NULL。

(5) 关系

表之间的关系存在三种：一对一、一对多、多对多。而 SQLAlchemy 中的 ORM 也可以模拟这三种关系。其实，一对一模式在 SQLAlchemy 的底层中是通过一对多的方式模拟进行的，所以先了解一对多的关系。

- 一对多

使用之前的 User 表，假设现在要添加一个功能，即需要保存用户的邮箱账号，并且邮箱账号可以有多个，这时一定要创建一个新的表，用来存储用户的邮箱，然后将 user.id 作为外键进行引用。

SQLAlchemyTest4.py 的代码如下：

```
1. from sqlalchemy import Column, Integer, String, Text, ForeignKey
```

```
2. from sqlalchemy import create_engine
3. from sqlalchemy.ext.declarative import declarative_base
4. from sqlalchemy.orm import relationship
5.
6. # 数据库的配置变量,根据自己的 MySQL 的设置修改
7. HOSTNAME = '127.0.0.1'
8. PORT = '3306'
9. DATABASE = 'test'
10. USERNAME = 'root'
11. PASSWORD = ''
12. DB_URI = 'mysql+pymysql://{}:{}@{}:{}/{}'.format(USER-
    NAME,PASSWORD,HOSTNAME,PORT,DATABASE)
13.
14. engine = create_engine(DB_URI,echo = True)
15.
16. # 所有的类都要继承自 declarative_base 这个函数生成的基类
17. Base = declarative_base(engine)
18.
19. class Address(Base):
20.    __tablename__ = 'address'
21.    id = Column(Integer,primary_key = True)
22.    email_address = Column(String(50),nullable = False)
23.    # users_add 表的外键,指定外键时,使用的是数据库表的名称,而不是
       类名
24.    user_id = Column(Integer,ForeignKey('users_add.id'))
25.    # 在 ORM 层绑定两者之间的关系,第一个参数是绑定的表的类名,
26.    # 第二个参数 back_populates 是通过 User 反向访问时的字段名称
27.    user = relationship('User',back_populates = "addresses")
28.
29.    def __repr__(self):
30.       return"<Address(email_address = '%s')>"% self.email_ad-
       dress
31.
32. # 重新修改 users_add 表,添加了 addresses 字段,引用了 Address 表
    的主键
33. class User(Base):
34.    __tablename__ = 'users_add'
```

```
35. id = Column(Integer,primary_key = True)
36. name = Column(String(50))
37. fullname = Column(String(50))
38. password = Column(String(100))
39. # 在ORM层面绑定和Address表的关系
40. addresses = relationship("Address",order_by = Address.id,
    back_populates = "user")
41.
42. if __name__ == '__main__':
43. Base.metadata.create_all()
```

其中,在 users_add 表中添加的 addresses 字段,可以通过 User.addresses 来访问和这个 user 相关的所有 address;在 address 表中的 user 字段,可以通过 Address.user 来访问这个 user,从而达到双向绑定。

执行以下命令将类映射到数据库中:

```
1. python sqlAlchemyTest4.py
```

表关系建立好以后,就应该对其进行操作。

新建 SQLAlchemyTest5.py 文件,代码如下:

```
1. from sqlAlchemyTest4 import *
2. from sqlalchemy.orm import sessionmaker
3.
4. if __name__ == '__main__':
5. Session = sessionmaker(bind = engine)
6. session = Session()
7. jack = User(name = 'jack',fullname = 'Jack Bean',password = 'gjffdd')
8. jack.addresses = [Address(email_address = 'jack@google.com'),
9. Address(email_address = 'j25@yahoo.com')]
10. session.add(jack)
11. session.commit()
```

SQLAlchemy 的 session 是用于管理数据库操作的一个会话对象。模型实例对象是独立存在的,想要让其修改(创建)生效,就需要把它们加入某个 session 中。被 session 管理的实例对象,在 session.commit() 时被提交到数据库。

在上面的代码中,首先创建一个用户 Jack,然后对这个用户添加两个邮箱,最后再提交到数据库中。但是 Address 操作并没有被直接保存,而是先添加到用户中再保存。运行代码后的数据库表内容如图 5-22 和图 5-23 所示。

id	name	fullname	password
1	jack	Jack Bean	gjffdd

图 5-22　运行代码后的数据库结果(1)

id	email_address	user_id
1	jack@google.com	1
2	j25@yahoo.com	1

图 5-23　运行代码后的数据库结果(2)

● 一对一

一对一其实是一对多的另一种表现形式,从上面一对多例子中不难发现,一对应的是 User 表,而多对应的是 Address,也就是说,一个 User 对象有多个 Address。因此,要将一对多转换成一对一,只要设置一个 User 对象对应一个 Address 对象即可。

例如:

```
class User(Base):
    __tablename__='users_add'
    id=Column(Integer,primary_key=True)
    name=Column(String(50))
    fullname=Column(String(50))
    password=Column(String(100))
    #设置 uselist 关键字参数为 False
    addresses=relationship("Address",back_populates='user',
    uselist=False)

class Address(Base):
    __tablename__='address'
    id=Column(Integer,primary_key=True)
    email_address=Column(String(50))
    user_id=Column(Integer,ForeignKey('users_add.id'))
    user=relationship('User',back_populates='addresses')
```

从上例可以看出,只要在 User 表中的 addresses 字段上添加 uselist = False,就可以达到一对一的效果。但是,设置了一对一的效果后,就不能添加多个邮箱到 user. addresses 字段了,只能添加一个。读者可以修改 SQLAlchemyTest4. py 文件中的代码后进行测试。

● 多对多

多对多需要一个中间表来连接,同样,SQLAlchemy 中的 ORM 也需要一个中间表。假如现在有一个 Teacher 表和一个 Classes 表,即老师和班级,一个老师可以教多个班级,一个班级有多个老师,是一种典型的多对多的关系,可以通过 SQLAlchemy 的 ORM 实现。

SQLAlchemyTest6. py 中的代码如下:

```
1. from sqlalchemy import Column, Integer, String, Text, For-
   eignKey, Table
2. from sqlalchemy import create_engine
3. from sqlalchemy.ext.declarative import declarative_base
4. from sqlalchemy.orm import relationship
5.
6. # 数据库的配置变量,根据自己的 MySQL 的设置修改
7. HOSTNAME = '127.0.0.1'
8. PORT = '3306'
9. DATABASE = 'test'
10. USERNAME = 'root'
11. PASSWORD = ''
12. DB_URI = 'mysql+pymysql://{}:{}@{}:{}/{}'.format(USER-
    NAME, PASSWORD, HOSTNAME, PORT, DATABASE)
13.
14. engine = create_engine(DB_URI, echo=True)
15.
16. # 所有的类都要继承自 declarative_base 这个函数生成的基类
17. Base = declarative_base(engine)
18. association_table = Table('teacher_classes', Base.metadata,
19. Column('teacher_id', Integer, ForeignKey('teacher.id')),
20. Column('classes_id', Integer, ForeignKey('classes.id')))
21. class Teacher(Base):
22.     __tablename__ = 'teacher'
23.     id = Column(Integer, primary_key=True)
24.     tno = Column(String(10))
25.     name = Column(String(50))
26.     age = Column(Integer)
27.     classes = relationship('Classes', secondary=association_
        table, back_populates='teachers')
28.
29. class Classes(Base):
30.     __tablename__ = 'classes'
31.     id = Column(Integer, primary_key=True)
32.     cno = Column(String(10))
33.     name = Column(String(50))
```

```
34. teachers = relationship('Teacher',secondary = association
    _table,back_populates = 'classes')
35.
36. if __name__ = = '__main__':
37. Base.metadata.create_all()
```

创建一个多对多的关系表，首先需要一个中间表，通过 Table 来创建一个中间表。上例中第一个参数 teacher_classes 代表的是中间表的表名，第二个参数是 Base 的元类，第三个和第四个参数就是要连接的两个表。其中，Column 的第一个参数表示的是连接表的外键名，第二个参数表示外键的类型，第三个参数表示外键的表名和字段。

中间表创建成功后，还需要在两个表中进行绑定，比如在 Teacher 中有一个 classes 属性用来绑定 Classes 表，并且通过 secondary 参数来连接中间表。同样，Classes 表连接 Teacher 表也是这样。

定义完类后，开始添加数据，新建 SQLAlchemyTest7.py 文件，代码如下：

```
1. from sqlAlchemyTest6 import *
2. from sqlalchemy.orm import sessionmaker
3.
4. if __name__ = = '__main__':
5. Session = sessionmaker(bind = engine)
6. session = Session()
7. teacher1 = Teacher(tno = 't1111',name = 'xiaotuo',age =10)
8. teacher2 = Teacher(tno = 't2222',name = 'datuo',age =10)
9. classes1 = Classes(cno = 'c1111',name = 'english')
10. classes2 = Classes(cno = 'c2222',name = 'math')
11. teacher1.classes = [classes1,classes2]
12. teacher2.classes = [classes1,classes2]
13. classes1.teachers = [teacher1,teacher2]
14. classes2.teachers = [teacher1,teacher2]
15. session.add(teacher1)
16. session.add(teacher2)
17. session.add(classes1)
18. session.add(classes2)
19. session.commit()
```

运行代码后，数据库表的内容如图 5-24 所示。

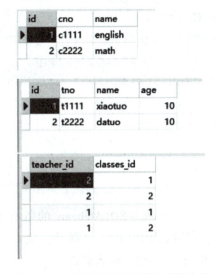

图 5-24　运行代码后数据库表的内容

11. Flask – SQLAlchemy 扩展

Flask – SQLAlchemy 是对 SQLAlchemy 进行简单的封装,使用户在 Flask 中使用 SQLAlchemy 更加简单。安装 Flask – SQLAlchemy:

```
1. pip install flask-sqlalchemy
```

使用 Flask – SQLAlchemy 的流程如下。

- 数据库初始化:数据库初始化不再通过 create_engine,例如:

```
1. from flask import Flask
2. from flask_sqlalchemy import SQLAlchemy
3. # 数据库的配置变量,根据自己的 MySQL 的设置修改
4. HOSTNAME = '127.0.0.1'
5. PORT = '3306'
6. DATABASE = 'test'
7. USERNAME = 'root'
8. PASSWORD = ''
9. DB_URI = 'mysql+pymysql://{}:{}@{}:{}/{}'.format(USER-
   NAME, PASSWORD, HOSTNAME, PORT, DATABASE)
10. app = Flask(__name__)
11. app.config['SQLALCHEMY_DATABASE_URI'] = DB_URI
12. db = SQLAlchemy(app)
```

- ORM 类:通过 Base = declarative_base() 来初始化一个基类,然后进行继承,但是在 Flask – SQLAlchemy 中更加简单了(代码参考上例):

```
1. class User8(db.Model):
2.     id = db.Column(db.Integer, primary_key = True)
3.     username = db.Column(db.String(80), unique = True)
4.     email = db.Column(db.String(120), unique = True)
5.     def __init__(self, username, email):
6.         self.username = username
7.         self.email = email
8.     def __repr__(self):
9.         return '<User %s>' % self.username
```

- 映射模型到数据库表:使 Flask-SQLAlchemy 的所有类都继承自 db.Model,并且所有的 Column 和数据类型都成为 DB 的一个属性。优点是不用写表名了,Flask-SQLAlchemy 会自动将类名小写,然后映射成表名。

写完类模型后,将模型映射到数据库表中,使用以下代码创建所有的表:

```
1. db.create_all()
```

SQLAlchemyTest8.py 完整的代码如下:

```
1.  from flask import Flask
2.  from flask_sqlalchemy import SQLAlchemy
3.
4.  # 数据库的配置变量,根据自己的 MySQL 的设置修改
5.  HOSTNAME = '127.0.0.1'
6.  PORT = '3306'
7.  DATABASE = 'test'
8.  USERNAME = 'root'
9.  PASSWORD = ''
10. DB_URI = 'mysql+pymysql://{}:{}@{}:{}/{}'.format(USER-
    NAME, PASSWORD, HOSTNAME, PORT, DATABASE)
11.
12. app = Flask(__name__)
13. app.config['SQLALCHEMY_DATABASE_URI'] = DB_URI
14. db = SQLAlchemy(app)
15.
16. class User8(db.Model):
17.     id = db.Column(db.Integer, primary_key = True)
18.     username = db.Column(db.String(80), unique = True)
19.     email = db.Column(db.String(120), unique = True)
20.     def __init__(self, username, email):
```

```
21. self.username = username
22. self.email = email
23. def __repr__(self):
24.     return '<User %s>' % self.username
25. if __name__ == '__main__':
26.     db.create_all()
```

直接执行上面的代码会将模型映射到数据库,创建对应的表。

● 添加数据:此时可以在数据库中看到已经生成了一个 User 表。接下来添加数据到表中:

```
1. admin = User8('admin','admin@example.com')
2. guest = User8('guest','guest@example.com')
3. db.session.add(admin)
4. db.session.add(guest)
5. db.session.commit()
```

添加数据的操作和之前一样,只是 session 成为 DB 的一个属性。

● 查询数据:查询数据是将 query 属性放在 db.Model 上,所以通过 Model.query 的方式进行查询:

```
1. users = User8.query.all()
2. # 再如:
3. admin = User8.query.filter_by(username='admin').first()
```

● 删除数据:删除数据与添加数据类似。

```
1. db.session.delete(admin)
2. db.session.commit()
```

SQLAlchemyTest9.py 的完整代码如下:

```
1. from sqlAlchemyTest8 import db,User8
2. if __name__ == '__main__':
3.     admin = User8('admin','admin@example.com')
4.     guest = User8('guest','guest@example.com')
5.     db.session.add(admin)
6.     db.session.add(guest)
7.     db.session.commit()
8.
9.     users = User8.query.all()
10.    print(users)
11.    # 再如:
```

```
12. admin = User8.query.filter_by(username = 'admin').first()
13. print(admin)
14.
15. db.session.delete(admin)
16. db.session.commit()
```

12. 大型程序的结构

在单一脚本中编写小型的 Flask Web 程序很方便,该方法不普遍适用于小程序。当程序变复杂后,使用单个大型源码文件会出现很多问题。不同于大多数 Web 框架,Flask 并不强制要求大型项目使用特定的组织方式,程序结构的组织方式完全由开发者决定。这里介绍一种使用包和模块组织 Flask 大型程序的方式。

(1)虚拟环境

VirtualEnv 用于在一台机器上创建多个独立的 Python 运行环境,在这些环境里面可以选择不同的 Python 版本或者不同的类库,并且可以在没有管理员权限的情况下在环境里安装新套件,互相不会产生任何影响。

VirtualEnv 的安装:

```
1. pip install virtualenv
```

使用 VirtualEnv 默认 Python 版本创建虚拟环境:

```
1. virtualenv --no-site-packages venv
```

当前目录创建一个 venv 目录(虚拟环境名称,这个文件夹用于保存 Python 虚拟环境),VirtualEnv 会把 Python、setuptools 和 PIP 都安装上。

进入虚拟环境并激活(Ubuntu 系统中使用):

```
1. source venv/bin/activate
```

退出虚拟环境:

```
1. deactivate
```

直接在该环境中使用 deactivate 命令即可退出。

删除虚拟环境:

```
1. rm -r venv
```

直接删除虚拟环境所在的文件夹 venv 就删除了创建的 venv 虚拟环境。

(2)项目结构

项目结构有四个顶级文件夹:

- Flask 程序一般都保存在名为 app 的包中。
- migrations 文件夹包含数据库迁移脚本。
- 单元测试编写在 tests 包中。
- venv 文件夹包含 Python 虚拟环境。

同时，还创建了新文件：

• requirements.txt，列出了所有依赖包，便于在其他电脑中重新生成相同的虚拟环境。

• config.py，存储配置。

• manage.py，用于启动程序及其他的程序任务。

项目结构如图 5-25 所示。

(3) 配置选项

程序经常需要设定多个配置。开发、测试和生产环境尽量使用不同的数据库，这样才不会彼此影响。

这里不使用以前简单的字典状结构配置，而使用层次结构的配置类。config.py 文件的内容如下：

```
|-flasky
|-app/
|   |-templates/
|   |-static/
|   |-main/
|       |-__init__.py
|       |-errors.py
|       |-forms.py
|       |-views.py
|   |-__init__.py
|   |-email.py
|   |-models.py
|-migrations.py
|-tests/
|   |-__init__.py
|   |-test.py
|-venv
|-requirements.txt
|-config.py
|-manage.py
```

图 5-25　项目结构

```
2. import os
3. basedir = os.path.abspath(os.path.dirname(__file__))
4.
5. class Config:
6.    SECRET_KEY = os.environ.get('SECRET_KEY') or 'hard to guess string'
7.    SQLALCHEMY_COMMIT_ON_TEARDOWN = True
8.    FLASKY_MAIL_SUBJECT_PREFIX = '[Flasky]'
9.    FLASKY_MAIL_SENDER = 'Flasky Admin <flasky@example.com>'
10.   FLASKY_ADMIN = os.environ.get('FLASKY_ADMIN')
11.
12.   @staticmethod
13.   def init_app(app):
14.       pass
15.
16. class DevelopmentConfig(Config):
17.    DEBUG = True
18.    MAIL_SERVER = 'smtp.googlemail.com'
19.    MAIL_PORT = 587
20.    MAIL_USE_TLS = True
21.    MAIL_USERNAME = os.environ.get('MAIL_USERNAME')
22.    MAIL_PASSWORD = os.environ.get('MAIL_PASSWORD')
23.    SQLALCHEMY_DATABASE_URI = 'mysql+pymysql://root:@127.0.0.1:3306/db_visualization_system'
24. class TestingConfig(Config):
25.    TESTING = True
```

```
26. SQLALCHEMY_DATABASE_URI = 'mysql+pymysql://root:@
    127.0.0.1:3306/db_vs'
27.
28. config = {
29. 'development':DevelopmentConfig,
30. 'testing':TestingConfig,
31. 'default':DevelopmentConfig
32. }
```

基类 Config 中包含了通用配置,子类分别用来定义专用的配置。如果需要,还可以添加其他配置类。

为了让配置方式更灵活且安全,一些配置可以从环境变量中直接导入。例如 SECRET_KEY 的值,这是一个敏感信息,可以在环境中设定,但系统也提供了一个默认值,以防环境中没有定义。在 3 个子类中,SQLALCHEMY_DATABASE_URI 变量都被指定了不同的值,这样程序就可以在不同的配置环境中运行,每个环境都使用不同的数据库。

配置类可以定义 init_app() 类方法,其参数是程序实例。在这个方法中,可以执行对当前环境的配置初始化。本例中,基类 Config 中的 init_app() 方法为空。

在这个配置脚本末尾,Config 字典中注册了不同的配置环境,并且还注册了一个默认配置,也就是本例的开发环境。

(4) 程序包

程序包用来保存程序的所有代码、模板和静态文件。大多数情况下,人们把这个包直接称为 app(应用),也可以根据实际需要给这个应用程序赋予一个专属名字。templates 和 static 文件夹是程序包的一部分,因此这两个文件夹被移到了 app 中。数据库模型和电子邮件支持函数也被移到了这个包中,分别保存为 app/models.py 和 app/email.py。

(5) 启动脚本

顶级文件夹中的 manage.py 文件用于启动程序。

Flask_Script 扩展提供向 Flask 插入外部脚本的功能,包括运行一个开发用的服务器、定制一个 Python shell、设置数据库脚本 cronjobs 及其他运行在 Web 应用之外的命令行任务,使得脚本和系统分开。

Flask_Script 和 Flask 本身的工作方式类似,只需定义和添加从命令行中被 Manager 实例调用的命令。

Manager 类追踪所有在命令行中调用的命令和处理过程的调用运行情况。Manager 只有一个参数——Flask 实例。

调用 manager.run() 启动 Manager 实例来接收命令行中的命令。

Flask-Migrate 是用于处理 SQLAlchemy 数据库迁移的扩展工具。当 Model 出现变更时,通过 Migrate 去管理数据库变更。

Migrate 主要有 3 个动作:init、migrate 和 upgrade。

1. db init

这个命令会在当前目录下生成一个 migrations 文件夹。这个文件夹也需要和其他源文件一起,添加到版本控制中。

1. db migrate

这个命令会在 migrations 下生成一个 version 文件夹,其中包含了对应版本的数据库操作 py 脚本。

1. db upgrade

这个命令相当于执行了 version 文件夹下的相应 py 版本,对数据库进行变更操作。例如:manage.py 启动脚本。

```
1. import os
2. from app import create_app,db
3. from app.models import User,Role
4. from flask_script import Manager,Shell
5. from flask_migrate import Migrate,MigrateCommand
6.
7. app=create_app(os.getenv('FLASK_CONFIG') or 'default')
8. manager=Manager(app)
9. migrate=Migrate(app,db)
10.
11. def make_shell_context():
12.     return dict(app=app,db=db,User=User,Role=Role)
13. manager.add_command("shell",Shell(make_context=make_
    shell_context))
14. manager.add_command('db',MigrateCommand)
15.
16. if __name__=='__main__':
17.     manager.run()
```

该脚本首先创建程序。如果已经定义了环境变量 FLASK_CONFIG,则从中读取配置名;否则,使用默认配置。然后初始化 Flask-Script、Flask-Migrate 和为 Python Shell 定义上下文。

(6)需求文件

程序中必须包含一个 requirements.txt 文件,用于记录所有依赖包及其版本号。如果要在另一台电脑上重新生成虚拟环境,则这个文件的重要性就体现出来了。例如部署程序时使用的电脑,PIP 可以使用如下命令自动生成这个文件:

```
1. (venv) $pip freeze >requirements.txt
```

安装或升级包后,最好更新该文件。需求文件的内容如下:

```
1. Flask==0.10.1
2. Flask-Bootstrap==3.0.3.1
3. Flask-Mail==0.9.0
4. Flask-Migrate==1.1.0
5. Flask-Moment==0.2.0
6. Flask-SQLAlchemy==1.0
7. Flask-Script==0.6.6
8. Flask-WTF==0.9.4
9. Jinja2==2.7.1
10. Mako==0.9.1
11. MarkupSafe==0.18
12. SQLAlchemy==0.8.4
13. WTForms==1.0.5
14. Werkzeug==0.9.4
15. alembic==0.6.2
16. blinker==1.3
17. itsdangerous==0.23
```

如果需要创建这个虚拟环境的完全副本,可以创建一个新的虚拟环境,并在其上运行如下命令:

```
1. (venv) $pip install -r requirements.txt
```

(7) 数据库

大型程序和单脚本版本使用不同的数据库。

首先从环境变量中读取数据库连接 URL,两种配置环境中的环境变量名和数据库名都不一样。例如,在开发环境中,数据库连接 URL 从环境变量 DEV_DATABASE_URL 读取,如果没有定义这个环境变量,则使用名为 data-dev.sqlite 的 SQLite 数据库。

无论从哪里获取数据库连接 URL,都要在新数据库中创建数据表。如果使用 Flask-Migrate 跟踪迁移,可使用如下命令来创建新数据表或者升级到最新修订版本:

```
1. (venv) $python manage.py db upgrade
```

综合实训

1. 分别使用 Cookie 和 Session 实现存、取、删操作,其中 Cookie 设置一个月内不过期。

2. 用过滤器统一给 50、80、100 后面加上分数。

项目六
招聘分析监控系统——
数据可视化子系统项目实战

【项目描述】

利用前面部分所了解到的知识,从主流招聘网站上采集公开的招聘信息数据,经过技术处理后,由前端可视化系统对分析结果进行展示。通过项目化学习,进一步了解和掌握可视化技术的运用。

【项目分析】

目前可视化处理技术也非常多,本项目通过一个实例项目进行引导,完成对可视化技术的运用。下面跟随我们一起完成招聘分析监控系统的开发。学习的过程中,积极搜集和翻阅更多资料进行知识点的强化。

任务6.1 系统需求

1. 功能需求

从主流招聘网站采集公开的招聘信息数据完成招聘分析监控系统,通过对"脏"数据清洗后,利用分布式存储对其进行保存,采用离线数据分析的方法对存储的数据进行分析后,再利用可视化技术将分析结果进行图形图像的展示。

根据上述背景分析各系统需要完成的内容及功能,其中,数据可视化子系统主要包含如下功能。

①支持柱状图、折线图、热力图、词云等数据可视化图表,提供各图表信息的动态加载及局部刷新功能。

②支持基于B/S结构的可视化界面,提供基于特定信息的数据查询。

③提供高可扩展Web端界面框架,可实现快速开发及扩展。

数据可视化子系统由Web前端、数据处理层构成,数据库采用MySQL存储可视化数据。数据可视化子系统框架如图6-1所示。

Web UI用来完成前端界面数据的获取,并使用获取到的数据对展示页面进行渲

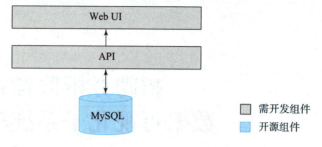

图 6-1 数据可视化子系统框架

染,最终以 B/S 架构用户交互页面进行信息展示。Web UI 界面采用分屏式展示,每一类数据在同一屏,系统主要展示以下两类数据:

- 全局信息数据
- 指定标签数据

目前常用的可视化分析工具都需要使用如下技术:

- ECharts(开源数据可视化组件)
- BootStrap(开源前端组件)
- Flask(开源 Web 框架)
- Jinja2(开源模板引擎)
- SQLAlchemy(开源 ORM 框架)

2. 系统模块划分

可视化子系统主要分为两个模块:

(1)全局信息数据可视化模块

全局信息数据可视化模块通常为前端开发的首页,以展示总体数据为主,方便用户在最短的时间内能看到最有用的职位招聘信息数据,并能够对内容信息产生兴趣。

招聘市场分析平台主要显示招聘需求地域分布、各标签职位数量分布、职位数量 Top20、职位数量变化趋势等图表。

(2)指定标签数据可视化模块

按照专业网页设计流程,指定标签数据可视化模块为次级页层级。次级页与首页属于从属关系,也就是对首页 Tag 部分的详细展示页面。主要显示各岗位职位数量、各岗位职位数量分布、职位数量月度变化趋势等。

3. 数据库表结构

数据库服务器使用 MySQL,运行项目之前,要准备好项目所需的数据库。按表 6-1 要求创建一个空的数据库。

表 6-1 所需的数据库

数据库名	db_visualization_system
字符集	utf8
排序规则	utf8_general_ci

随后找到项目根目录下的 db_visualization_system.sql 文件,在 db_visualization_system 数据库中运行该 SQL 文件,将测试数据导入数据库中。

将数据库表导入以后,能够看到有表 6-2~表 6-9 所示结构的信息内容。

表 6-2　标签信息表

表名	tbl_tag			
字段名称	属性	注释	有无索引	有无外键
fld_id	int、自动递增、非空	主键	无	无
fld_name	varchar、非空	标签名称	唯一索引	无
fld_modify_date	Datetime、非空	数据最后更新时间	无	无

表 6-3　岗位数据表

表名	tbl_tag_position_total_count			
字段名称	属性	注释	有无索引	有无外键
fld_id	int、自动递增、非空	主键	无	无
fld_tag_id	int、非空	标签表 id	普通索引	外键标签表 id
fld_position	varchar、非空	岗位名称	无	无
fld_count	int、非空	职位数量	无	无
fld_modify_date	Datetime、非空	数据最后更新时间	无	无

表 6-4　月度岗位数据表

表名	tbl_tag_position_month_count			
字段名称	属性	注释	有无索引	有无外键
fld_id	int、自动递增、非空	主键	无	无
fld_tag_id	int、非空	标签表 id	普通索引	外键标签表 id
fld_position	varchar、非空	岗位名称	无	无
fld_month	varchar、非空	月份	无	无
fld_count	int、非空	职位数量	无	无
fld_modify_date	Datetime、非空	数据最后更新时间	无	无

表 6-5　岗位关键词表

表名	tbl_tag_position_keyword_count			
字段名称	属性	注释	有无索引	有无外键
fld_id	int、自动递增、非空	主键	无	无
fld_tag_id	int、非空	标签表 id	普通索引	外键标签表 id
fld_position	varchar、非空	岗位名称	无	无
fld_keyword	varchar、非空	关键词	无	无
fld_count	int、非空	出现次数	无	无
fld_modify_date	Datetime、非空	数据最后更新时间	无	无

表 6-6　岗位城市分布表

表名	\multicolumn{4}{c}{tbl_tag_position_city_count}
字段名称	属性	注释	有无索引	有无外键
fld_id	int、自动递增、非空	主键	无	无
fld_tag_id	int、非空	标签表 id	普通索引	外键标签表 id
fld_position	varchar、非空	岗位名称	无	无
fld_city	varchar、非空	城市	无	无
fld_count	int、非空	职位数量	无	无
fld_modify_date	Datetime、非空	数据最后更新时间	无	无

表 6-7　岗位数据暂存表

表名	\multicolumn{4}{c}{tbl_ts_tag_position_count}
字段名称	属性	注释	有无索引	有无外键
fld_id	int、自动递增、非空	主键	无	无
fld_tag_name	varchar、非空	标签名称	无	无
fld_position	varchar、非空	岗位名称	无	无
fld_count	int、非空	职位数量	无	无
fld_date	Datetime、非空	数据采集时间	无	无

表 6-8　城市需求数据暂存表

表名	\multicolumn{4}{c}{tbl_ts_tag_position_city_count}
字段名称	属性	注释	有无索引	有无外键
fld_id	int、自动递增、非空	主键	无	无
fld_tag_name	varchar、非空	标签名称	无	无
fld_position	varchar、非空	岗位名称	无	无
fld_city	varchar、非空	城市名称	无	无
fld_count	int、非空	职位数量	无	无
fld_date	Datetime、非空	数据采集时间	无	无

表 6-9　关键词数据暂存表

表名	\multicolumn{4}{c}{tbl_ts_tag_position_keyword_count}
字段名称	属性	注释	有无索引	有无外键
fld_id	int、自动递增、非空	主键	无	无
fld_tag_name	varchar、非空	标签名称	无	无
fld_position	varchar、非空	岗位名称	无	无
fld_keyword	varchar、非空	关键词名称	无	无
fld_count	int、非空	出现次数	无	无
fld_date	Datetime、非空	数据采集时间	无	无

任务 6.2　项目实施

创建一个 Python 3.6 的虚拟环境:

```
1.virtualenv flaskPy3
```

进入虚拟环境:

```
1.source flaskPy3/bin/activate
```

转到项目根目录下后,执行如下的命令安装项目依赖包:

```
1.pip install -r requirements.txt
```

在 ./webapp/config.py 项目配置文件下有连接数据库地址与用户密码,根据需要修改数据库连接信息。

初次运行项目时,要先进行数据库迁移。数据库迁移操作如下:

删除 migrations 目录,下面三步完成 model 定义的表结构向数据库的迁移,并且会在项目下生成 migrations/ 目录,保存数据库每次变更的内容。

(1) 创建数据库表

```
1.python run.py db init
```

(2) 提交修改

```
1.python run.py db migrate
```

(3) 执行修改

```
1.python run.py db upgrade
```

注:若变更数据库,则删除 migrations 目录,重新进行迁移。

1. 代码结构

项目的代码结构如图 6-2 所示。

下面是部分重要文件和说明:

- config.py,项目配置文件。
- config_extensions.py,项目初始化脚本。
- models,数据库模型包。
- static,静态文件目录。
- templates,模板目录。
- migrations,数据迁移文件夹。
- run.py,项目管理文件。

执行如下命令可以运行整个项目:

图6-2 项目的代码结构

1. python run.py runserver

2. 页面布局

(1)首页主要布局格式

首页主要布局包含五部分:标题在顶部,左上角为区域分布,中间为职位分布饼状图,右边是职位排行表格,最下边是职位数量变化折线图。折线图展示的是一个很长时间内一个职位数量的变化趋势,所以采用的是一个宽矮的格局。至于重量级别,都处在一个相等的水平等级,因此布局大小只是根据图表适合的宽、高来排列。

参考布局图如图6-3所示。

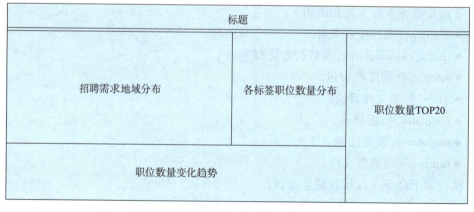

图6-3 首页主要布局格式

（2）次级页面布局格式

次级页面展示的信息相对详细，除了包含针对当前职位的整体的分析数据外，还包含该职位下各个岗位的详细信息。其中，整体信息主要通过柱状图、饼状图、折线图等进行展示，而各个岗位信息主要通过折线图、词云、地图等进行展示。

参考布局图如图6-4所示。

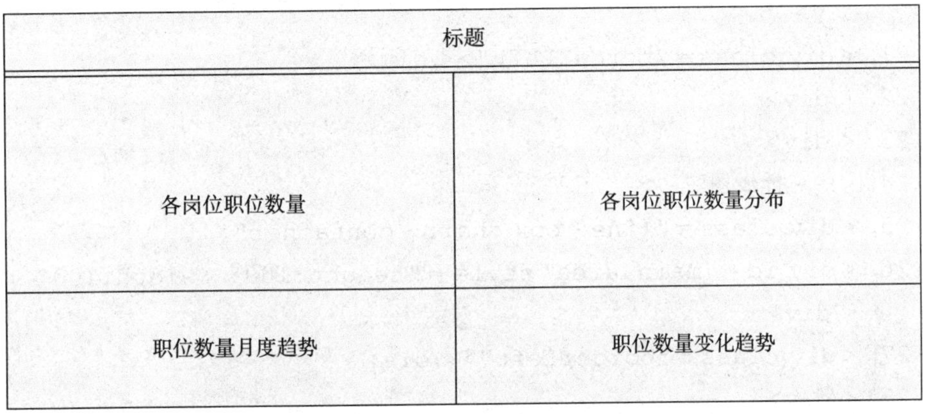

标题	
各岗位职位数量	各岗位职位数量分布
职位数量月度趋势	职位数量变化趋势

图6-4 次级页面布局格式

3. 模板组件引用

首页模板文件位于项目的 webapp/templates/index.html 中：

```
1. <body>
2. <div class="header">
3. <div class="header-title"><h1>全国招聘市场大数据分析平台</h1></div>
4. </div>
5. <form action="/tag_data/" method="post" target="_blank" id="tagForm">
6. <input type="hidden" id="tagId" name="tagId" value=""/>
7. <input type="hidden" id="tagName" name="tagName" value=""/>
8. </form>
9. <div class="content">
10. <!--图表内容-->
11. <div class="left" id="left">
12. <div class="left-top-box">
13. <!--地图-->
14. <div class="map-box chart-container">
15. <div id="main_map" style="height:100%;width:100%;"></div>
```

16. < div class = "borderLeft" > </div>
17. </div>
18. <!-- 饼状图 -- >
19. < div class = "pie - box chart - container">
20. < div id = "main_pie" style = "height:100% ; width:100% ;"></div>
21. < div class = "borderLeft" > </div>
22. </div>
23. </div>
24. <!-- 折线图 -- >
25. < div class = "line - box chart - container">
26. < div id = "main_area" style = "height:100% ; width:100% ;"></div>
27. < div class = "borderLeft" > </div>
28. </div>
29. </div>
30. < div class = "right" id = "right">
31. < div class = "borderLeft" > </div>
32. < p class = "title" >职位数量 Top20 </p>
33. <!-- 标签列表 -- >
34. < div class = "tbl - box chart - container">
35. < table class = "table table - striped" id = "tag - table">
36. < thead >
37. < tr >
38. < th > # </th>
39. < th >职位标签 </th>
40. < th >职位数量 </th>
41. </tr>
42. </thead >
43. < tbody >
44. < tr >
45. < th scope = "row">1 </th >
46. < td >Mark </td >
47. < td >Otto </td >
48. </tr>
49. </tbody>
50. </table >

51. </div>
52. </div>
53. </div>
54. </body>

次级模板文件位于项目的 webapp/templates/tag_data.html 中：

1. <body>
2. <div class="header">
3. <div class="header-title"><h1>全国招聘市场大数据分析平台-{{tagName}}</h1></div>
4. </div>
5. <div class="content">
6. <div class="left">
7. <div class="left-container">
8. <div id="main_bar"></div>
9. <div class="borderLeft"></div>
10. </div>
11. <div class="left-bottom height-month-year">
12. <div id="main_month"></div>
13. <div class="borderLeft"></div>
14. </div>
15. </div>
16. <div class="right">
17. <div class="right-container">
18. <div id="main_pie"></div>
19. <div class="borderLeft"></div>
20. </div>
21. <div class="right-bottom height-month-year">
22. <div id="main_area"></div>
23. <div class="borderLeft"></div>
24. </div>
25. </div>
26.
27. <!-- 循环每个岗位的统计图表 -->
28. {% for pd in pd_list %}
29. {% for k,v in pd.items() %}
30. <div class="clear"></div>

```
31. <div class = "pull - content">
32. <p class = "title">
33. {{k|safe}}
34. </p>
35. <div id = "position_area_{{pd_list.index(pd)}}"></div>
36. <div class = "borderLeft"></div>
37. </div>
38. <div class = "left - down">
39. <div class = "left - container - down">
40. <div id = "position_month_{{pd_list.index(pd)}}"></div>
41. <div class = "borderLeft"></div>
42. </div>
43. <div class = "clear"></div>
44. <div class = "left - bottom - down height - month - year">
45. <div id = "position_word_{{pd_list.index(pd)}}"></div>
46. <div class = "borderLeft"></div>
47. </div>
48. </div>
49. <div class = "right - down">
50. <div class = "right - container - down">
51. <div id = "position_map_{{pd_list.index(pd)}}"></div>
52. <div class = "borderLeft"></div>
53. </div>
54. </div>
55.
56. {% endfor %}
57. {% endfor %}
58. <!-- 循环每个岗位的统计图表结束 -->
59. </div>
60. </body>
```

可以根据项目需求进行修改。

4. API 接口

项目使用统一的 API 与数据库进行交互,所有的 API 定义在 dataserivce/data.py 文件中。表 6-10~表 6-17 是各 API 的接口说明。

表 6-10　get_all_tag

功能	获取所有标签信息
参数	无
返回值	标签数据 Dictionary(python)，KeyValue 格式为 <标签 ID,标签名>

表 6-11　get_analysis_data_group_by_tag

功能	以标签为分组条件，获取标签对应的职位数量。支持通过参数指定返回标签个数
参数	topK(默认为 10)，数字指定获取职位最多的前几个数据
返回值 1	[标签名,标签名,标签名,…]
返回值 2	[数量 1,数量 2,数量 3,…]
说明	两个返回值按照先后顺序具有一一对应关系

表 6-12　get_scatter_data_group_by_tag

功能	以标签为分组条件，获取标签对应的职位分布。支持通过参数指定返回标签个数
参数	无
返回值	[{name:标签名 1,value:职位数量},{name:标签名 1,value:职位数量},…]

表 6-13　get_scatter_data_group_by_position

功能	以传入的标签数据作为过滤条件对数据进行筛选后，以岗位为单位统计职位分布
参数	无
返回值	[{name:岗位名 1,value:职位数量},{name:岗位名 2,value:职位数量},…]

表 6-14　get_analysis_data_group_by_month

功能	根据参数传入的过滤条件对数据进行筛选后，以月份为单位统计职位数量
参数 1	tag_id(默认为 None)，标签 id,指定标签过滤条件。 缺省时不按照标签进行数据过滤
参数 2	position(默认为 None)，岗位名称,指定岗位过滤条件。 缺省时不按照岗位进行数据过滤
返回值	[["月份 1",数量 1],["月份 2",数量 2],["月份 3",数量 3],…]
说明	1. 若参数 tag_id 缺省，则直接无视参数 position 的传入内容； 2. 若当前只有一个月的数据，则下一个月的字符串结尾加字符"E"后在图标显示，但没有数值

表 6-15　get_analysis_data_group_by_Location

功能	根据参数传入的过滤条件对数据进行筛选后，以城市为单位统计职位数量
参数 1	tag_id(默认为 None)，标签 id,指定标签过滤条件。 缺省时不按照标签进行数据过滤

续表

参数 2	position(默认为 None),岗位名称,指定岗位过滤条件。缺省时不按照岗位进行数据过滤
返回值	[{name:'城市 1',value:数量 1},{name:'城市 2',value:数量 2},{name:'城市 3',value:数量 3}]
说明	若参数 tag_id 缺省,则直接无视参数 position 的传入内容

表 6-16 get_word_analysis_data

功能	获取特定标签、特定岗位的关键词云
参数 1	tag_id,标签 id,指定标签过滤条件
参数 2	position,岗位名称,指定岗位过滤条件
返回值	{"词 1":数量 1,"词 2":数量 2,"词 3":数量 3}

表 6-17 synchronize

功能	提供外部系统调用,将暂存表的数据同步到正式表中,同步成功后,清空所有暂存表
参数	无
返回值	无
调用方式	http://[服务器 ip 地址]/synchronize

5. API 功能实现

- get_all_tag( )

```
1. # 全部标签列表接口
2. def get_all_tag():
3.     tag_list = Tbl_tag.query.order_by(Tbl_tag.fld_id)
4.     return tag_list
```

- get_analysis_data_group_by_tag( )

```
1. # 首页根据标签的职位数量统计柱状图接口
2. def get_analysis_data_group_by_tag(tag_id):
3.     return get_analysis_data(tag_id)
4.
5. # 柱状图接口具体实现
6. def get_analysis_data(tag_id):
7.     position_or_tag_count = []
8.     if int(tag_id) > 0:
9.         position_list = get_position_or_tag_by_tag_id(tag_id)
10.        positions = []
```

```
11. for position in position_list:
12.     positions.append("'"+position.fld_position+"'")
13. position_or_tag_str = '[' + ','.join(positions) + ']'
14.
15. position_count_list = get_position_or_tag_count_by_tag_id
    (tag_id)
16. for position_count in position_count_list:
17.     position_or_tag_count.append(int(position_count.fld_
        count))
18. else:
19.     tag_list = get_position_or_tag_by_tag_id(tag_id)
20.     tags = []
21.     for tag in tag_list:
22.         tags.append("'"+tag.fld_name+"'")
23.     position_or_tag_str = '[' + ','.join(tags) + ']'
24.
25.     tag_count_list = get_position_or_tag_count_by_tag_id(tag_id)
26.     for tag_count in tag_count_list:
27.         position_or_tag_count.append(int(tag_count.sumTagCount))
28.
29. # 封装成字典类型
30. data_dict = {}
31. data_dict[position_or_tag_str] = position_or_tag_count
32.
33. return data_dict
```

- get_scatter_data_group_by_tag

```
1. # 首页根据标签的职位数量实现饼状图接口
2. def get_scatter_data_group_by_tag(tag_id):
3.     return get_scatter_data(tag_id)
4.
5. # 饼状图接口具体实现
6. def get_scatter_data(tag_id):
7.     query_position_count = Tbl_tag_position_total_count.query
8.     if int(tag_id)>0:
9.         position_count_list = query_position_count.with_entities
           (Tbl_tag_position_total_count.fld_position,
```

10. Tbl_tag_position_total_count.fld_count).\
11. filter(Tbl_tag_position_total_count.fld_tag_id==tag_id).\
12. order_by(Tbl_tag_position_total_count.fld_position)
13. position_count_str=[]
14. for position_count in position_count_list:
15. position_count_str.append("{name:"'+position_count.fld_position+'",value:"+str(int(position_count.fld_count))+"}")
16. return'['+','.join(position_count_str)+']'
17. else:
18. tag_count_list=db.session.query(Tbl_tag.fld_name.label('tagName'),
19. func.sum(Tbl_tag_position_total_count.fld_count).label('sumTagCount')).\
20. outerjoin(Tbl_tag_position_total_count,Tbl_tag.fld_id==Tbl_tag_position_total_count.fld_tag_id).\
21. group_by(Tbl_tag.fld_id).order_by(Tbl_tag.fld_id)
22. tag_count_str=[]
23. for tag_count in tag_count_list:
24. tag_count_str.append("{name:"'+tag_count.tagName+'",value:"+str(int(tag_count.sumTagCount))+"}")
25. return'['+','.join(tag_count_str)+']'

- get_scatter_data_group_by_position( )

1. # 首页根据岗位的职位数量实现饼状图接口
2. def get_scatter_data_group_by_position(tag_id):
3. return get_scatter_data(tag_id)
4.
5. # 饼状图接口具体实现
6. def get_scatter_data(tag_id):
7. query_position_count=Tbl_tag_position_total_count.query
8. if int(tag_id)>0:
9. position_count_list=query_position_count.with_entities(Tbl_tag_position_total_count.fld_position,
10. Tbl_tag_position_total_count.fld_count).\
11. filter(Tbl_tag_position_total_count.fld_tag_id==tag_id).\
12. order_by(Tbl_tag_position_total_count.fld_position)

```
13. position_count_str = []
14. for position_count in position_count_list:
15.     position_count_str.append("{name:'" + position_count.fld_
        position + "', value:" + str(int(position_count.fld_
        count)) + "}")
16. return '[' + ','.join(position_count_str) + ']'
17. else:
18.     tag_count_list = db.session.query(Tbl_tag.fld_name.label
        ('tagName'),
19.     func.sum(Tbl_tag_position_total_count.fld_count).label
        ('sumTagCount')).\
20.     outerjoin(Tbl_tag_position_total_count,Tbl_tag.fld_id =
        =Tbl_tag_position_total_count.fld_tag_id).\
21.     group_by(Tbl_tag.fld_id).order_by(Tbl_tag.fld_id)
22.     tag_count_str = []
23.     for tag_count in tag_count_list:
24.         tag_count_str.append("{name:'" + tag_count.tagName + "',
            value:" + str(int(tag_count.sumTagCount)) + "}")
25.     return '[' + ','.join(tag_count_str) + ']'
```

- get_analysis_data_group_by_month( )

```
1. #具体标签统计页根据岗位的月度职位数量统计接口
2. def get_analysis_data_group_by_month(tag_id,position):
3.     query_month_count = Tbl_tag_position_month_count.query
4.     month_count_dict = {}
5.     if int(tag_id) > 0:
6.         if position:
7.             month_list = query_month_count.with_entities(Tbl_tag_posi-
               tion_month_count.fld_month).\
8.             filter(
9.             and_(Tbl_tag_position_month_count.fld_tag_id = = tag_id,
               Tbl_tag_position_month_count.fld_position = =position)).\
10.            order_by(Tbl_tag_position_month_count.fld_month)
11.            months = []
12.            for month in month_list:
13.                months.append('"' + month.fld_month + '"')
14.            months_str = '[' + ','.join(months) + ']'
```

15. count_list=query_month_count.with_entities(Tbl_tag_position_month_count.fld_count).\
16. filter(
17. and_(Tbl_tag_position_month_count.fld_tag_id==tag_id,Tbl_tag_position_month_count.fld_position==position)).\
18. order_by(Tbl_tag_position_month_count.fld_month)
19. count_str=[]
20. for count in count_list:
21. count_str.append(int(count.fld_count))
22. month_count_dict[months_str]=count_str
23. else:
24. month_list=query_month_count.with_entities(Tbl_tag_position_month_count.fld_month).\
25. filter(Tbl_tag_position_month_count.fld_tag_id==tag_id).\
26. group_by(Tbl_tag_position_month_count.fld_month).\
27. order_by(Tbl_tag_position_month_count.fld_month)
28. months=[]
29. for month in month_list:
30. months.append('"'+month.fld_month+'"')
31. months_str='['+','.join(months)+']'
32. count_list=query_month_count.with_entities(func.sum(Tbl_tag_position_month_count.fld_count).
33. label('sumMonthCount')).\
34. filter(Tbl_tag_position_month_count.fld_tag_id==tag_id).\
35. group_by(Tbl_tag_position_month_count.fld_month).\
36. order_by(Tbl_tag_position_month_count.fld_month)
37. count_str=[]
38. for count in count_list:
39. count_str.append(int(count.sumMonthCount))
40. month_count_dict[months_str]=count_str
41. else:
42. month_list=query_month_count.with_entities(Tbl_tag_position_month_count.fld_month).\
43. group_by(Tbl_tag_position_month_count.fld_month).\
44. order_by(Tbl_tag_position_month_count.fld_month)
45. months=[]
46. for month in month_list:

```
47. months.append('"'+month.fld_month+'"')
48. months_str='['+','.join(months)+']'
49. count_list=query_month_count.with_entities(
50. func.sum(Tbl_tag_position_month_count.fld_count).label('
    sumMonthCount')).\
51. group_by(Tbl_tag_position_month_count.fld_month).\
52. order_by(Tbl_tag_position_month_count.fld_month)
53. count_str=[]
54. for count in count_list:
55.     count_str.append(int(count.sumMonthCount))
56. month_count_dict[months_str]=count_str
57. return month_count_dict
```

- get_analysis_data_group_by_Location( )

```
1. # 职位数量地区分布统计接口
2. def get_analysis_data_group_by_location(tag_id,position):
3.     query_city_position=Tbl_tag_position_city_count.query
4.     if int(tag_id)>0:
5.         city_count_list=query_city_position.with_entities(Tbl_
           tag_position_city_count.fld_city,
6.         Tbl_tag_position_city_count.fld_count).\
7.         filter(and_(Tbl_tag_position_city_count.fld_tag_id==tag_id,
           Tbl_tag_position_city_count.fld_position==position)).\
8.         order_by(Tbl_tag_position_city_count.fld_city)
9.         city_count_str=[]
10.        for city_count in city_count_list:
11.            city_count_str.append('{name:"'+city_count.fld_city+"
               ',value:'+str(int(city_count.fld_count)*5)+'}')
12.        return '['+','.join(city_count_str)+']'
13.    else:
14.        city_count_list=query_city_position.with_entities(Tbl_
           tag_position_city_count.fld_city,
15.        func.sum(Tbl_tag_position_city_count.fld_count).
16.        label('sumCityCount')).\
17.        group_by(Tbl_tag_position_city_count.fld_city).\
18.        order_by(Tbl_tag_position_city_count.fld_city)
19.        city_count_str=[]
```

```
20. for city_count in city_count_list:
21. city_count_str.append('{name:'"+city_count.fld_city +"
    ',value:' +str(int(city_count.sumCityCount) *5) +'}')
22. return'[' +','.join(city_count_str) +']'
```

- get_word_analysis_data( )

```
1. #具体标签统计页根据岗位的技能词数量统计接口
2. def get_word_analysis_data(tag_id,position):
3. query_word_position =Tbl_tag_position_keyword_count.query
4. if int(tag_id) >0:
5. word_count_list =query_word_position.with_entities(Tbl_
    tag_position_keyword_count.fld_keyword,
6. Tbl_tag_position_keyword_count.fld_count).\
7. filter(
8. and_(Tbl_tag_position_keyword_count.fld_tag_id ==tag_id,
    Tbl_tag_position_keyword_count.fld_position ==position,
    Tbl_tag_position_keyword_count.fld_count >99)).\
9. order_by(db.desc(Tbl_tag_position_keyword_count.fld_
    count))
10. word_count_str =[]
11. for word_count in word_count_list:
12. word_count_str.append('{name:'"+word_count.fld_keyword +"',
    value:' +str(int(word_count.fld_count)) +'}')
13. return'[' +','.join(word_count_str) +']'
14. else:
15. pass
```

任务6.3 数据可视化

1. 全局信息数据可视化

全局信息数据可视化的逻辑处理主要在./webserivice/index.py文件的get_index( )方法中。

(1)职位排行(表格)(图6-5)

职位数量Top20

#	职位标签	职位数量
1	后端开发	24 867
2	测试	22 128
3	移动开发	6 174

图6-5 职位排行

获取职位排行表格中的数据:

1. tag_list = Tbl_tag.query.order_by(Tbl_tag.fld_id)

在模板文件 index.html 中实现如下数据:

1. var objArr = [{% for tag in tag_list %}
2. {name:'{{ tag.fld_name }}',id:'{{ tag.fld_id }}'},
3. {% endfor %}];
4. var nameArr = {% for k,v in bar_data.items()%}{{k|safe}}{% endfor %};
5. var valueArr = {% for k,v in bar_data.items()%}{{v}}{% endfor %};
6. for(var i=0;i<nameArr.length;i++){
7. for(var j=0;j<objArr.length;j++){
8. if(nameArr[i]==objArr[j].name){
9. objArr[i].value=valueArr[j];
10. }
11. }
12. }
13. function sortObj(a,b){
14. return b.value-a.value;
15. }
16. objArr=objArr.sort(sortObj);/*调用排序,sortObj 方法作为参数传入 sort 方法中*/
17. console.log(objArr);
18. var html=[];
19. $("#tag-table tbody").html('');
20. for(var i=0;i<objArr.length;i++){
21. html.push('<tr id="'+objArr[i].id+'"value="'+objArr[i].name+'"><th scope="row">'+(i+1)+'</th><td>'+objArr[i].name+'</td><td>'+objArr[i].value+'</td></tr>')
22. }
23. $("#tag-table tbody").html(html.join(''));
24. $("#tag-table tbody").delegate('tr','click',function(){
25. tagDetail($(this).attr("id"),$(this).attr("value"));
26. })

(2)职位分布(图6-6)

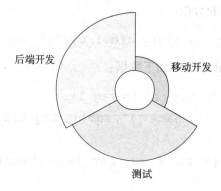

图6-6 职位分布

获取职位分布数据：

1. pie_data = get_scatter_data_group_by_tag(0)

在模板文件 index.html 中画饼状图：

```
1. var piedom = document.getElementById("main_pie");
2. //用于使 chart 自适应高度和宽度,通过窗体的高、宽来计算容器的高、宽
3. var resizePieContainer = function (){
4. piedom.style.width = $(".left-bottom").width() + 'px';
5. piedom.style.height = $(".left-bottom").height() + 'px';
6. };
7. resizePieContainer();
8. var pieChart = echarts.init(piedom,'dark');
9. var pieapp = {};
10. pieoption = null;
11. pieoption={
12. backgroundColor:'#fff',
13. color:['#2ec7c9','#b6a2de','#5ab1ef','#ffb980','#d87a80',
       '#8d98b3','#e5cf0d','#97b552'],
14. title:{
15. text:'各标签职位数量分布',
16. left:'20',
17. top:'5',
18. textStyle:{color:"#000"}
19. },
20. tooltip:{
21. trigger:'item',
22. formatter:"{a}<br/>{b}:{c}({d}%)"
```

```
23.    },
24.    calculable:true,
25.    series:[
26.    {
27.        name:'职位数量',
28.        type:'pie',
29.        radius:['10%','40%'],
30.        center:['50%','55%'],
31.        roseType:'area',
32.        data:{{pie_data|safe}}
33.    }
34.    ]
35. };
36. if(pieoption && typeof pieoption ==="object"){
37.    pieChart.setOption(pieoption,true);
38. 
39. $(window).resize(function(){
40.    //重置容器的高、宽
41.    resizePieContainer();
42.    pieChart.resize();
43. });
44. }
```

(3)职位数量变化(图6-7)

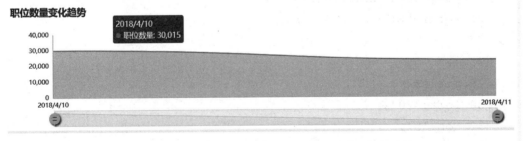

图6-7 职位数量变化

获取月度职位数量数据:

```
1. area_data=get_area_data(0,None)
```

在模板文件index.html中画折线图:

```
1. //加载职位数量变化趋势图
2. var areadom=document.getElementById("main_area");
```

3. //用于使chart自适应高度和宽度,通过窗体的高、宽来计算容器的高、宽
4. var resizeMonthContainer=function(){
5. areadom.style.width=$(".right-bottom").width()+'px';
6. areadom.style.height=$(".right-bottom").height()+'px';
7. };
8. resizeMonthContainer();
9. var areaChart=echarts.init(areadom,'walden');
10. var areaapp={};
11. areaoption=null;
12. var areadate=[];
13. var areadata=[];
14.
15. {% for day_count in area_data %}
16. areadate.push([{{day_count.yy}},{{day_count.mm}},{{day_count.dd}}].join('/'));
17. areadata.push({{day_count.dayCount}});
18. {% endfor %}
19.
20. areaoption={
21. backgroundColor:'#fff',
22. color:['#91dedf','#d5cbe9','#a7d3f2'],
23. tooltip:{
24. trigger:'axis',
25. position:function(pt){
26. return[pt[0],'10%'];
27. }
28. },
29. title:{
30. left:'20',
31. top:'5',
32. text:'职位数量变化趋势',
33. textStyle:{color:"#000"}
34. },
35. xAxis:{
36. splitLine:{show:false},
37. type:'category',
38. boundaryGap:false,

```
39. data:areadate,
40. axisLabel:{
41. color:'#000',
42. }
43. },
44. yAxis:{
45. splitLine:{show:false},
46. type:'value',
47. boundaryGap:[0,'100%'],
48. axisLabel:{
49. color:'#000',
50. }
51. },
52. dataZoom:[{
53. type:'inside',
54. start:0,
55. end:100
56. },{
57. start:0,
58. end:100,
59. handleIcon:'M10.7,11.9v-1.3H9.3v1.3c-4.9,0.3-8.8,4.4-8.8,
    9.4c0,5,3.9,9.1,8.8,9.4v1.3h1.3v-1.3c4.9-0.3,8.8-4.4,8.8-
    9.4C19.5,16.3,15.6,12.2,10.7,11.9z M13.3,24.4H6.7V23h6.6V24.4z
    M13.3,19.6H6.7v-1.4h6.6V19.6z',
60. handleSize:'80%',
61. handleStyle:{
62. color:'#fff',
63. shadowBlur:3,
64. shadowColor:'rgba(0,0,0,0.6)',
65. shadowOffsetX:2,
66. shadowOffsetY:2
67. }
68. }],
69. series:[
70. {
71. name:'职位数量',
72. type:'line',
```

```
73. smooth:true,
74. symbol:'none',
75. sampling:'average',
76. itemStyle:{
77.   normal:{
78.     //color:'#3CC3FF'
79.     color:'#5ab1ef'
80.   }
81. },
82. areaStyle:{
83.   normal:{
84.     color:new echarts.graphic.LinearGradient(0,0,0,1,[{
85.       offset:0,
86.       //color:'#3EF3F4'
87.       color:'#a5d1f0'
88.     },{
89.       offset:1,
90.       //color:'#3EF3F4'
91.       color:'#a5d1f0'
92.     }])
93.   }
94. },
95. data:areadata
96. }
97. ]
98. };
99. if(areaoption && typeof areaoption==="object"){
100. areaChart.setOption(areaoption,true);
101. 
102. $(window).resize(function(){
103.   //重置容器的高、宽
104.   resizeMonthContainer();
105.   areaChart.resize();
106. });
107. }
```

2. 指定标签数据可视化

指定标签数据可视化的逻辑处理主要在 ./webserivice/index.py 文件中的 get_tag_data( )方法中。

（1）职位数量（柱状图）（图6-8）

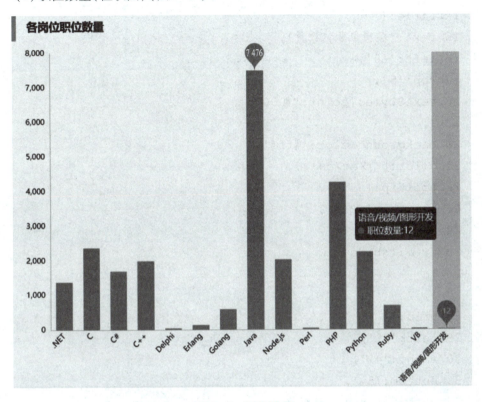

图6-8 职位数量

获取职位数量数据：

```
1. bar_data = get_analysis_data_group_by_position(tag_id)
```

在模板文件 tag_data.html 中画柱状图：

```
1. //加载该标签各岗位职位数量柱状图
2. var bardom = document.getElementById("main_bar");
3. //用于使 chart 自适应高度和宽度,通过窗体的高、宽来计算容器的高、宽
4. var resizeBarContainer = function (){
5.     bardom.style.width = $(".left-container").width() + 'px';
6.     bardom.style.height = $(".left-container").height() + 'px';
7. };
8. resizeBarContainer();
9. var barChart = echarts.init(bardom,'walden');
```

```
10. var barapp={};
11. baroption=null;
12. barapp.title='标签的岗位下职位数量柱状分析';
13. baroption={
14. title:{
15. text:'各岗位职位数量',
16. left:'20',
17. top:'5',
18. textStyle:{color:"#000"}
19. },
20. backgroundColor:'#fff',
21. color:['#2ec7c9'],
22. tooltip:{
23. trigger:'axis',
24. axisPointer:{
25. type:'shadow'
26. }
27. },
28. grid:{
29. left:'3%',
30. right:'4%',
31. bottom:'3%',
32. containLabel:true
33. },
34. xAxis:[
35. {
36. splitLine:{show:false},
37. type:'category',
38. data:{% for k,v in bar_data.items()%}{{k|safe}}{% end-
    for%}},
39. axisTick:{
40. alignWithLabel:true
41. },
42. axisLabel:{
43. color:'#000',
44. interval:0,
45. rotate:45,
```

```
46.    margin:8
47.   }
48.  }
49. ],
50. yAxis:[
51.  {
52.   splitLine:{show:false},
53.   type:'value',
54.   axisLabel:{
55.    color:'#000',
56.   }
57.  }
58. ],
59. series:[
60.  {
61.   name:'职位数量',
62.   type:'bar',
63.   barWidth:'60%',
64.   markPoint:{
65.    data:[
66.     {type:'max',name:'最大值'},
67.     {type:'min',name:'最小值'}
68.    ]
69.   },
70.   data:{% for k,v in bar_data.items()%}{{v}}{% endfor %}
71.  }
72. ]
73. };
74. ;
75. if(baroption && typeof baroption = = = "object"){
76.  barChart.setOption(baroption,true);
77. 
78. $(window).resize(function(){
79.  //重置容器的高、宽
80.  resizeBarContainer();
81.  barChart.resize();
82. });
83. }
```

(2)岗位分布(饼状图)(图6-9)

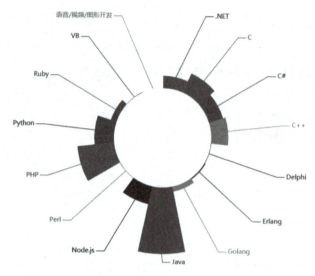

图6-9 岗位分布

获取岗位分布数据:

```
1. pie_data = get_scatter_data_group_by_position(tag_id)
```

在模板文件 tag_data.html 中画饼状图:

```
1. var piedom = document.getElementById("main_pie");
2. //用于使 chart 自适应高度和宽度,通过窗体的高、宽来计算容器的高宽
3. var resizePieContainer = function () {
4. piedom.style.width = $(".right-container").width() + 'px';
5. piedom.style.height = $(".right-container").height() + 'px';
6. };
7. resizePieContainer();
8. var pieChart = echarts.init(piedom,'dark');
9. var pieapp = {};
10. pieoption = null;
11. pieoption={
12. backgroundColor:'#fff',
13. color:['#2ec7c9','#b6a2de','#5ab1ef','#ffb980','#d87a80
    ','#8d98b3','#e5cf0d','#97b552'],
14. title:{
15. text:'各岗位职位数量分布',
```

```
16. left:'20',
17. top:'5',
18. textStyle:{color:"#000"}
19. },
20. tooltip:{
21. trigger:'item',
22. formatter:"{a}<br/>{b}:{c}({d}%)"
23. },
24. calculable:true,
25. series:[
26. {
27. name:'职位数量',
28. type:'pie',
29. radius:['30%','70%'],
30. center:['50%','55%'],
31. roseType:'area',
32. data:{{pie_data|safe}}
33. }
34. ]
35. };
36. if(pieoption && typeof pieoption = = ="object"){
37. pieChart.setOption(pieoption,true);
39. $(window).resize(function(){
40. //重置容器的高、宽
41. resizePieContainer();
42. pieChart.resize();
43. });
44. }
```

(3)职位数量月度变化趋势(折线图)(图6－10)

图6－10　职位数量月度变化趋势

获取职位数量月度变化趋势数据：

1. month_data = get_analysis_data_group_by_month(tag_id,None)

在模板文件tag_data.html中画折线图：

1. //加载该标签月度折线图表
2. var monthdom = document.getElementById("main_month");
3. //用于使chart自适应高度和宽度,通过窗体的高、宽来计算容器的高、宽
4. var resizeMonthContainer = function () {
5. monthdom.style.width = $(".left-bottom").width() + 'px';
6. monthdom.style.height = $(".left-bottom").height() + 'px';
7. };
8. resizeMonthContainer();
9. var monthChart = echarts.init(monthdom,'walden');
10. var monthapp = {};
11. monthoption = null;
12. monthoption={
13. title:{
14. text:'职位数量月度变化趋势',
15. left:'20',
16. top:'5',
17. textStyle:{color:"#000"}
18. },
19. backgroundColor:'#fff',
20. color:['#91dedf','#d5cbe9','#a7d3f2'],
21. xAxis:{
22. splitLine:{show:false},
23. type:'category',
24. data:{% for k,v in month_data.items()%}{{k|safe}}{% endfor %},
25. axisLabel:{
26. color:'#000',
27. }
28. },
29. yAxis:{
30. splitLine:{show:false},
31. type:'value',
32. axisLabel:{
33. color:'#000',

```
34. }
35. },
36. series:[{
37.   itemStyle:{
38.     normal:
39.     {
40.       color:'#5ab1ef',
41.       label:
42.       {
43.         show:true
44.       }
45.     }
46.   },
47.   type:'line',
48.   smooth:true,
49.   symbol:'none',
50.   sampling:'average',
51.   areaStyle:{
52.     normal:{
53.       color:new echarts.graphic.LinearGradient(0,0,0,1,[{
54.         offset:0,
55.         //color:'#3EF3F4'
56.         color:'#a5d1f0'
57.       },{
58.         offset:1,
59.         //color:'#3EF3F4'
60.         color:'#a5d1f0'
61.       }])
62.     }
63.   },
64.   data:{% for k,v in month_data.items()%}{{v}}{% endfor %}
65.
66. }]
67. };
68. ;
69. if(monthoption && typeof monthoption ===="object"){
70.   monthChart.setOption(monthoption,true);
71.
```

```
72. $(window).resize(function(){
73. //重置容器高宽
74. resizeMonthContainer();
75. monthChart.resize();
76. });
77. }
```

(4)职位数量变化趋势图(折线图)(图6-11)

图6-11 职位数量变化趋势

获取职位数量变化趋势数据：

```
1. area_data = get_area_data(tag_id,None)
```

在模板文件 tag_data.html 中画折线图：

```
1. //加载该标签职位数量变化趋势图
2. var areadom = document.getElementById("main_area");
3. //用于使 chart 自适应高度和宽度,通过窗体的高、宽来计算容器的高、宽
4. var resizeAreaContainer = function (){
5. areadom.style.width = $("right-bottom").width() + 'px';
6. areadom.style.height = $("right-bottom").height() + 'px';
7. };
8. resizeAreaContainer();
9. var areaChart = echarts.init(areadom,'walden');
10. var areaapp = {};
11. areaoption = null;
12. var areadate = [];
13. var areadata = [];
14.
15. {% for day_count in area_data%}
```

```
16. areadate push([{{day_count yy}},{{day_count mm}},{{day_
    count dd}}]join('/'));
17. areadata push({{day_count dayCount}});
18. {% endfor %}
19.
20. areaoption={
21. backgroundColor:'#fff',
22. color:['#91dedf','#d5cbe9','#a7d3f2'],
23. tooltip:{
24. trigger:'axis',
25. position:function(pt){
26. return[pt[0],'10%'];
27. }
28. },
29. title:{
30. text:'职位数量变化趋势',
31. left:'20',
32. top:'5',
33. textStyle:{color:"#000"}
34. },
35. xAxis:{
36. splitLine:{show:false},
37. type:'category',
38. boundaryGap:false,
39. data:areadate,
40. axisLabel:{
41. color:'#000',
42. }
43. },
44. yAxis:{
45. splitLine:{show:false},
46. type:'value',
47. boundaryGap:[0,'100%'],
48. axisLabel:{
49. color:'#000',
50. }
51. },
```

```
52. dataZoom:[{
53. type:'inside',
54. start:0,
55. end:100
56. },{
57. start:0,
58. end:100,
59. handleIcon:'M10 7,11 9v-1 3H9 3v1 3c-4 9,0 3-8 8,4 4-8 8,
    9 4c0,5,3 9,9 1,8 8,9 4v1 3h1 3v-1 3c4 9-0 3,8 8-4 4,8 8-9
    4C19 5,16 3,15 6,12 2,10 7,11 9z M13 3,24 4H6 7V23h6 6V24 4z
    M13 3,19 6H6 7v-1 4h6 6V19 6z',
60. handleSize:'80%',
61. handleStyle:{
62. color:'#fff',
63. shadowBlur:3,
64. shadowColor:'rgba(0,0,0,0 6)',
65. shadowOffsetX:2,
66. shadowOffsetY:2
67. }
68. }],
69. series:[
70. {
71. name:'职位数量',
72. type:'line',
73. smooth:true,
74. symbol:'none',
75. sampling:'average',
76. itemStyle:{
77. normal:{
78. color:'#5ab1ef'
79. }
80. },
81. areaStyle:{
82. normal:{
83. color:new echarts graphic LinearGradient(0,0,0,1,[{
84. offset:0,
85. color:'#a5d1f0'
```

```
86.},{
87.offset:1,
88.color:'#a5d1f0'
89.}])
90.}
91.},
92.data:areadata
93.}
94.]
95.};
96.if(areaoption && typeof areaoption = = ="object"){
97.areaChart setOption(areaoption,true);
98.
99.$(window)resize(function(){
100.//重置容器的高、宽
101.resizeAreaContainer();
102.areaChart resize();
103.});
104.}
```

以上利用典型工作任务展开了大数据可视化的学习,从基础工具着手,跟着案例完成操作。每一个项目中的任务经过认真练习后,可以基本掌握大数据可视化的工具的使用方法。

综合实训

可视化呈现招聘分析监控系统。

参 考 文 献

［1］付雯. 大数据导论［M］. 北京：清华大学出版社，2018.

［2］李俊翰，付雯. 大数据采集与爬虫［M］. 北京：机械工业出版社，2020.

［3］朱春旭. Python 数据分析与大数据处理从入门到精通［M］. 北京：北京大学出版社，2019.

［4］王国平. Microsoft Power BI 数据可视化与数据分析［M］. 北京：电子工业出版社，2018.

［5］高凯. 大数据搜索与挖掘及可视化管理方案［M］. 3 版. 北京：清华大学出版社，2017.

［6］［美］Robert Sedgewick，Kevin Wayne. 算法［M］. 4 版. 谢路云，译. 北京：人民邮电出版社，2012.

［7］［美］Ian F Darwin（达尔文）. Java 经典实例［M］. 李新叶，余晓晔，译. 北京：中国电力出版社，2016.

［8］［美］Baron Schwartz，Peter Zaitsev，Vadim Tkachenko. 高性能 MySQL［M］. 3 版. 宁海元，周振兴，彭立勋，等，译. 北京：电子工业出版社，2013.